Predictive Analytics und Data Mining

Marlis von der Hude

Predictive Analytics und Data Mining

Eine Einführung mit R

Marlis von der Hude
Berlin, Deutschland

ISBN 978-3-658-30152-1   ISBN 978-3-658-30153-8   (eBook)
https://doi.org/10.1007/978-3-658-30153-8

Die Deutsche Nationalbibliothek verzeichnet diese Publikation in der Deutschen Nationalbibliografie; detaillierte bibliografische Daten sind im Internet über http://dnb.d-nb.de abrufbar.

Planung/Lektorat: Sybille Thelen
Springer Vieweg ist ein Imprint der eingetragenen Gesellschaft Springer Fachmedien Wiesbaden GmbH und ist ein Teil von Springer Nature.
Die Anschrift der Gesellschaft ist: Abraham-Lincoln-Str. 46, 65189 Wiesbaden, Germany

Vorwort

Es gibt viele Webseiten zur Datenanalyse im Internet. Anhand von Beispielen erhält man dort Anleitungen wie man beispielsweise mit der Software R oder Python schnell Analyseergebnisse erzielen kann. Vielen Anwenderinnen und Anwendern reicht das aus.

Studierende der Informatik, Wirtschaftsinformatik und der Ingenieurwissenschaften sollten jedoch wissen, wie die Analyseverfahren ablaufen, was hinter den R- oder Python-Statements steckt. Dieses Buch bietet einen leicht verständlichen aber trotzdem mathematisch exakten Einstieg in die Prinzipien des Data Mining und der Predictive Analytics in deutscher Sprache mit Beispielen in R. Als Einführung und Methodensammlung gedacht findet man hier die Grundprinzipien der Analyseverfahren, auf denen man bei Bedarf aufbauen kann, wenn man mit Hilfe weiterführender Literatur tiefer in einzelne Themen eintauchen will.

Das Buch ist im Rahmen von Vorlesungen für Bachelorstudierende der Informatik und Wirtschaftsinformatik entstanden. Mein Dank gilt den interessierten und engagierten Studierenden, die durch ihre Fragen und Diskussionen einen großen Beitrag zur Abrundung der Themen beigetragen haben.

Marlis von der Hude

Inhaltsverzeichnis

Data Science, Predictive Analytics oder einfach: – Datenanalyse – {1}

In den letzten Jahren hat der Begriff *Data Science* einen regelrechten Boom erlebt. Dies liegt zum großen Teil daran, dass in allen Bereichen so viele Daten wie möglich gesammelt und gespeichert werden, *Big Data* heißt das Schlagwort. Oft sollen aus den gesammelten Daten Prognosen für die Zukunft abgeleitet werden, daher ist auch der Begriff prädiktive Datenanalyse – *Predictive Analytics* – häufig anzutreffen.

Um die Datenflut zu bewältigen, wurden einerseits Datenbanktechnologien weiterentwickelt, andererseits wurden auch viele Datenanalyseverfahren erstellt oder einfach nur neu entdeckt und gegebenenfalls an die *Big-Data*-Welle angepasst. Beide Bereiche – Datenbanktechnologien und Analyseverfahren – werden nun unter dem Begriff *Data Science* zusammengefasst. Generell wird *Data Science* als *Extraktion von Wissen aus Daten* beschrieben.

In diesem Buch soll eine kleine Auswahl aus den Datenanalyseverfahren vorgestellt werden. Zum Teil handelt es sich um altbewährte Methoden aus dem Bereich der Statistik, es werden aber auch neuere in der Informatik entwickelte Verfahren behandelt. Hierbei steht jedoch nicht der Aspekt effizienter Algorithmen im Vordergrund; der Fokus liegt vielmehr darauf, einen Überblick über die verschiedenen Möglichkeiten zu geben, um aus vorhandenen Daten einen Erkenntnisgewinn zu erzielen und hierfür adäquate Verfahren für verschiedene Fragestellungen auszuwählen. Es muss aber auch gesagt werden, dass es oft gar nicht möglich ist, mit vorhandenen Daten, die nicht im Hinblick auf eine spezifische Fragestellung gesammelt wurden, aussagekräftige Ergebnisse zu erzielen. Eine gezielte Planung der Datenerhebung ist immer die beste Methode, jedoch sieht die Praxis oft anders aus.

Dieses Buch ist als Methodensammlung gedacht, es soll ein Überblick über verschiedene Analyseverfahren gegeben werden. Daher können die einzelnen Verfahren nicht in aller Ausführlichkeit behandelt werden; hierzu muss die Leserin zu weiterführender Literatur greifen (siehe Abschn. 1.4).

© Springer Fachmedien Wiesbaden GmbH, ein Teil von Springer Nature 2020
M. von der Hude, *Predictive Analytics und Data Mining,*
https://doi.org/10.1007/978-3-658-30153-8_1

1.1   Beispieldateien

Bevor eine systematische Einordnung der Verfahren präsentiert wird, soll anhand der im Buch verwendeten Beispieldateien ein kurzer Überblick über die behandelten Analyseaspekte gegeben werden. Im Buch wird mit der Open Source Datenanalysesoftware R gearbeitet. Die Software besteht aus einem Basispaket und vielen Erweiterungen, die als Pakete hinzugeladen werden können, und die jeweils mit Dateien für die Anwendung versehen sind. Einige der Beispieldateien stammen aus diesen R-Paketen.

Datei `Studis200`:
Der einfachste Aspekt der Wissensextraktion dient dazu, sich einen Überblick über vorhandene Daten zu verschaffen, z. B. könnte die Zusammensetzung der Studierendenschaft an einer Hochschule von Interesse sein. Generell sollte ein Überblick mit Hilfe einfacher Maßzahlen und Grafiken immer an erster Stelle stehen, bevor man in anspruchsvollere Analyseverfahren eintaucht.

In der Datei `Studis200` wurden einige wenige Merkmale von 200 fiktiven Studierenden zusammengestellt. Sie dient nur zur Erläuterung einfacher Maßzahlen und Grafiken, die im nächsten Kapitel vorgestellt werden.

Datei `Cars93`:
Betrachtet man technische Daten von Autos, so könnte ein Hersteller seinen neu konzipierten Autotyp vorab mit ähnlichen Typen, also mit der unmittelbaren Konkurrenz vergleichen. Hierzu fasst man einander ähnliche Autos zu sogenannten Clustern zusammen. Sicherlich ist auch die Abhängigkeit des Benzinverbrauchs von der technischen Ausstattung von Interesse. So könnte man bereits vor der Erstellung eines Prototypen eine Prognose zum Benzinverbrauch abgeben.

Die Datei `Cars93` ist als Beispieldatei im R-Basispaket enthalten. Sie enthält technische Details von amerikanischen Autos, die im Jahr 1993 (!) verkauft wurden; damit ist sie also schon etwas in die Jahre gekommen. Dennoch ist sie sehr gut geeignet, um verschiedene Analyseaspekte zu betrachten.

Datei `Klausur`:
Wenn es gelänge, eine Formel zu entwickeln, die die Anzahl erzielter Punkte in einer Klausur – sagen wir in der Statistikklausur – vorhersagt, wenn die erreichten Punkte in einer anderen – sagen wir in der Graphentheorieklausur – bekannt sind, so müsste die Statistikklausur nicht korrigiert werden; die Dozentin könnte einfach abwarten, bis die Ergebnisse der Graphentheorieklausur vorliegen, um die Statistiknoten zu vergeben. Realistischerweise muss man sagen, dass es sicherlich nicht möglich sein wird, eine Formel für eine perfekte Vorhersage *(Prediction)* zu entwickeln. Es gibt jedoch Möglichkeiten, den Grad der Unsicherheit zu quantifizieren.

Die Datei `Klausur` enthält Punkteanzahlen von zwei Klausuren, die an einem Informatikfachbereich geschrieben wurden.

Datei `Steuererklaerung`:
Im Finanzamt werden Jahr für Jahr Steuererklärungen auf Korrektheit der Angaben überprüft. Wenn man bereits auf Basis der Eigenschaften wie z. B. dem Alter und Familienstand der steuerpflichtigen Personen prognostizieren könnte, wer dazu neigt, inkorrekte Angaben zu machen, so könnte man sich viel überflüssige Arbeit ersparen, indem man sich bei der Überprüfung nur auf die Steuererklärungen der „verdächtigen Personen" beschränkt.

Wie bei der Vorhersage von Klausurergebnissen wird es auch bei der Prognose der Korrektheit der Steuererklärungen mehr oder weniger große Unsicherheiten geben; auch hier gibt es Methoden, die Unsicherheit zu quantifizieren.

Die Datei `Steuererklaerungen` wurde aus einer Beispieldatei abgeleitet, die im R-Paket `rattle` enthalten ist. `rattle` bietet eine grafische Oberfläche für Data Mining Anwendungen in R (s. [11]). Die Datei wurde vereinfacht, indem beispielsweise viele verschiedene Berufskategorien zu einigen wenigen zusammengefasst wurden.

Datei `Ziffern`:
Eine andere Art der Vorhersage besteht in der maschinellen Erkennung handgeschriebener Texte oder Ziffern, wie sie zum automatischen Sortieren von Briefen benutzt wird. Auch hier muss man natürlich Unsicherheiten berücksichtigen.

Die Datei `Ziffern` ist in zwei Teilen unter den Namen `zip.train` und `zip.test` als Beispieldatei zum Buch *The Elements of Statistical Learning* [7] im R-Paket `ElemStatLearn` enthalten.

Das Gruppieren der Autos, die Vorhersagen des Benzinverbrauchs, der Steuerkorrektheit und der Ziffern sind Beispiele für bestimmte Typen von Verfahren. Diese sollen nun in einem ersten Überblick systematisch vorgestellt werden.

1.2   Überblick über die Verfahren und Bezeichnungen

In der Informatik wurde der Begriff des Lernens aus Daten geprägt, das maschinelle Lernen *(machine learning)*. Innerhalb des maschinellen Lernens gibt es eine erste grobe Einteilung mit Hilfe der Begriffe *nichtüberwachtes* und *überwachtes Lernen*. Bei dieser Unterscheidung stehen die unterschiedlichen Ziele der Datenanalyse im Vordergrund. Die folgenden Beispiele sollen den Unterschied verdeutlichen.

- nichtüberwachtes Lernen *(unsupervised learning, undirected knowledge discovery)*:
  Beispiele für Fragestellungen:
  - Wie kann ich Autos auf Basis ihrer technischen Eigenschaften gruppieren?
  - Kann man Kundengruppen auf Basis von ähnlichen Eigenschaften identifizieren?
  - Kann man Krankheiten auf Basis von ähnlichen Symptomen oder Genexpressionswerten gruppieren?

  Bei diesen Fragestellungen sollen Muster bzw. Strukturen in den Daten aufgedeckt werden.

- überwachtes Lernen *(supervised learning, directed knowledge discovery)*:
  Beispiele für Fragestellungen:
  - Welche Steuererklärung ist korrekt, welche nicht?
  - Welcher Bankkunde ist kreditwürdig, welcher nicht?
  - Welche Banknoten sind gefälscht, welche echt?
  - Wie hoch wird der Benzinverbrauch eines neu entwickelten Autos sein?
  - Wieviel Punkte wird eine Studentin in der Statistikklausur erreichen, wenn sie in der Graphentheorie die volle Punkteanzahl erzielt hat?
  - Wie hoch wird der Ozonwert sein bei bestimmten Temperaturen und Windstärken?
  - Welchen Preis kann ich beim Verkauf einer Immobilie erzielen?

  Bei diesen Fragestellungen geht es darum, Werte einer Zielgröße mit Hilfe anderer Größen – sogenannter Einflussgrößen – zu prognostizieren, es handelt sich also um Prognosefragestellungen.

  In den Beispielen sind die Zielgrößen die *Korrektheit der Steuererklärung* (mit den Kategorien *korrekt/gefälscht*) *Kreditwürdigkeit* (mit den Kategorien *vorhanden/nicht vorhanden*), *Banknote gefälscht (ja/nein)*. In diesen Fällen sollen Kategorien vorhergesagt werden. Beim *Benzinverbrauch,* den *Kausurpunkten,* den *Ozonwerten* und *Immobilienpreisen* handelt es sich um quantitative Zielgrößen mit numerischen Werten.

  Beispiele für Einflussgrößen können bei der Frage nach der *Korrektheit der Steuererklärung* und auch der *Kreditwürdigkeit* z. B. das *Alter,* der *Familienstand* u. ä. Merkmale der Personen sein. Bei den Ozonwerten sind die *Temperatur* und *Windstärke* sicherlich Größen die einen Einfluss auf die Ozonwerte ausüben.

  Beim überwachten Lernen lernt man von Daten aus der Vergangenheit. Bei diesen Lerndaten sind die Werte der Einfluss- und Zielgrößen bekannt, d. h. man weiß beispielsweise welche Personen kreditwürdig waren. Aus den Daten wird meist ein Modell, z. B. eine Formel, für den Zusammenhang zwischen Ziel- und Einflussgrößen erstellt (gelernt), mit dem anschließend Prognosen für neue Daten, beispielsweise die Kreditwürdigkeit neuer Bankkunden, getroffen werden können.

  Da man bei den Lerndaten die vom Modell prognostizierten mit den tatsächlichen Werten vergleichen kann, spricht man vom überwachten Lernen.

Da die verschiedenen Disziplinen in unterschiedlichen Fachgebieten entwickelt wurden, gibt es oft unterschiedliche Herangehensweisen und auch Bezeichnungen für dieselben Sachverhalte.

- In der Informatik spricht man vom Lernen aus Daten.
- In der Statistik wird wiederum vom Schätzen von Modellen aus Stichprobendaten gesprochen. Die Stichprobendaten müssen nach bestimmten Gesichtspunkten gesammelt worden sein, und zwar müssen sie nach dem Zufallsprinzip aus der Menge aller möglichen Daten, der sogenannten Grundgesamtheit, gewonnen worden sein.

- Die Zufälligkeit und Unsicherheit der Ergebnisse werden in der Statistik mit Hilfe von Wahrscheinlichkeitsverteilungen quantifiziert.
- In der Informatik wählt man einen pragmatischeren Ansatz, indem die Daten eingeteilt werden in Daten zum Lernen von Zusammenhängen, die sogenannten Trainingsdaten und Daten zum Überprüfen der Prognosegüte.
  In diesem Buch wird dieser Ansatz verfolgt.

Es ist auch das Vokabular in den Disziplinen unterschiedlich. So gibt es

- zur Beschreibung der Eigenschaften von Untersuchungseinheiten wie z. B. den Bankkunden die Begriffe
  Merkmal = Variable = Größe (Einfluss-, Zielgröße) = Attribut = Feature
- zur Einteilung der Merkmale wiederum die Begriffe
  kategorial = qualitativ,
  numerisch = quantitativ.
  Bei der *Kreditwürdigkeit* von Kunden *(vorhanden/nicht vorhanden)* handelt es sich um ein kategoriales Merkmal bzw. eine qualitative Variable oder ein qualitatives Attribut.
  Bei der Ozonmessung handelt es sich um eine quantitative Variable, ein numerisches Attribut, ein numerisches Merkmal usw.

Die Buchautorin ist Statistikerin, die viele Jahre im Fachbereich Informatik gelehrt hat. Daher wird man in diesem Buch Bezeichnungen aus beiden Bereichen – aus der Statistik sowie auch aus der Informatik – antreffen.

1.3 Regressions- und Klassifikationsfragestellungen

Bei den Verfahren des überwachtens Lernens – den Prognoseverfahren – unterscheidet man zwischen Regressions- und Klassifikationsfragestellungen.

- Sollen quantitative Werte prognostiziert werden, so spricht man von einer Regressionsfragestellung (z. B. beim Immobilienpreis),
- bei qualitativen Werten von einer Klassifikationsfragestellung (z. B. bei der Kreditwürdigkeit).

Die Prognoseverfahren haben z. T. unterschiedliche Ziele:
  Manchmal geht es nur darum, gute Vorhersagen treffen zu können, meistens soll aber auch die Art der Zusammenhänge untersucht werden.

Beispiele:

- Ein Roboter soll eine Türöffnung erkennen. Es reicht aus, dass er sie identifiziert; welche Eigenschaften seiner Messungen zur Erkennung führen ist nicht interessant.
- Welche Wetterkonstellation führt zu hohen Ozonwerten, wie sieht die Abhängigkeit aus? Hier ist auch die Art des Zusammenhangs von Interesse.
- Welche Eigenschaften eines Autos beeinflussen den Benzinverbrauch am stärksten? Auch hier ist die Art des Zusammenhangs von Interesse.

In diesem Buch werden verschiedene Analyseverfahren vorgestellt, die es der Praktikerin ermöglichen sollen, für ihre Fragestellungen geeignete Verfahren auszuwählen.

Zu jedem hier vorgestellten Verfahren gibt es zunächst eine kurze Darstellung der Theorie. Es folgt jeweils eine Illustration mit Hilfe von Beispielen, die mit dem Programmpaket R erarbeitet werden. In der Informatik ist *R* zwar inzwischen von der Programmiersprache *Python* weitgehend abgelöst worden, *R* ist jedoch noch immer in anderen Fachdisziplinen neben den kommerziellen Produkten die am weitesten verbreitete Software im Bereich der Datenanalyse.

1.4   Literaturübersicht

Eigentlich müsste hier nur ein Buch genannt werden, und zwar das Werk von Witten, Hastie und Tibshirani: *An Introduction to Statistical Learning with Applications in R* [10]. In diesem Buch findet man neben einer Einführung in R eine sehr gute und ausführliche Einordnung und Darstellung aller hier behandelten und noch vieler weiterer Verfahren. Zu jedem Kapitel gibt es praktische Übungen, die mit R zu bearbeiten sind. Wer also ein Buch für Anwenderinnen sucht, das mehr als die hier zusammengestellte verhältnismäßig kurze Methodensammlung bietet, sollte auf das genannte Werk zurückgreifen. Möchte man noch tiefer in die Theorie einsteigen, so kann man *The Elements of Statistical Learning: Data Mining, Inference, and Prediction* von Hastie, Tibshirani und Friedman [7] heranziehen. Es bildete die Basis für das zuerst genannte und stärker anwendungsorientierte Buch.

Auch das Werk *Modern Multivariate Statistical Techniques* von Izenman [9] bietet einen sehr guten Überblick mit vielen Details und Beispieldateien.

Eine weitere Empfehlung ist immernoch das Buch des bereits im Jahr 2007 verstorbenen Autors Andreas Handl: *Multivariate Analysemethoden: Theorie und Praxis mit R* [8]. Hier werden die Verfahren sehr detailliert Schritt für Schritt erläutert. Im Jahr 2013 erschien die vom Coautor Kuhlenkasper überarbeitete Auflage.

Ein sehr umfangreiches Standardwerk aus der Informatik stammt von Bishop: *Pattern Recognition and Machine Learning (Information Science and Statistics)* [3].

Ein weiteres sehr umfangreiches Werk für Fortgeschrittene ist das Buch von Aggarwal: *Data Mining* [2]. Hier findet man auch viele neue Clusterverfahren beschrieben, auch das Dichte-basierte Clustern.

Will man noch tiefer in einzelne Themen einsteigen, so kann man natürlich die entsprechende Spezialliteratur heranziehen, wie z. B. *Applied Regression Analysis* von Draper und Smith [6] oder auch *Classification and Regression Trees* von Breiman, Friedman, Stone und Olshen [5].

Sucht man andererseits nur eine ganz kurze Einführung in die Verfahren, um dann sofort mit R eigene Analysen durchführen zu können, so findet man die Informationen in den Büchern von Williams [11] und Adler [1].

Auch auf vielen Webseiten findet man sehr gute Darstellungen der Themen mit Anwendungsbeispielen in R oder Python.

Bevor fortgeschrittene Techniken auf Daten angewendet werden, sollte man sich nach Möglichkeit einen Überblick über die Daten verschaffen.

Bei der deskriptiven Statistik geht es hauptsächlich darum, die vorliegenden Daten durch geeignete Grafiken und Maßzahlen zu beschreiben. Bei der explorativen Datenanalyse will man neue Erkenntnisse aus den Daten durch Grafiken und Maßzahlen gewinnen, um eventuell weitergehende Analysen anzuschließen. In beiden Fällen analysiert man die Daten mit Hilfe von aussagekräftigen Grafiken und Maßzahlen.

2.1 Eine kurze Einführung in R mit Anwendung auf statistische Maßzahlen und Grafiken

Wir arbeiten mit der in der Datenanalyse weitverbreiteten Open Source Software R. In diesem Buch soll es nur eine kurze Einführung in R geben. In dieser Einführung beschränken wir uns auf einige wichtige Anwendungen wie das Eingeben, Einlesen und Speichern von Daten, das Selektieren einzelner Datensätze sowie den Aufruf der wichtigsten Maßzahlen. Anschließend werden elementare Grafiken für die Visualisierung der Daten dargestellt, gefolgt von einem kurzen Einblick in die Möglichkeiten der Grafikerstellung mit dem Zusatzpaket *ggplot2*. (Für R gibt es sehr viele Zusatzpakete für spezielle Anwendungen.) In den Kapiteln zu den verschiedenen Datenanalyseverfahren werden weitere R-Befehle erläutert.

Die Benutzeroberfläche RStudio erleichtert das Arbeiten mit R. Auf die Arbeitsweise mit RStudio wird hier nicht eingegangen; es gibt sehr viele gute Anleitungen in Büchern sowie im Internet sowohl zu R als auch zu RStudio.

© Springer Fachmedien Wiesbaden GmbH, ein Teil von Springer Nature 2020   11
M. von der Hude, *Predictive Analytics und Data Mining,*
https://doi.org/10.1007/978-3-658-30153-8_2

2.1.1   Erste Schritte – Eingabe von Werten, Grundrechenarten

Man kann R wie einen „Taschenrechner" benutzen, einige Beispiele sollen dies verdeutlichen.

(Die Ausgabe ist jeweils durch ## markiert.)

```
2+3
## [1] 5
```

Die eckigen Klammern geben an, welche Komponente des Ausgabevektors in der Zeile an erster Stelle steht. Ist die Ausgabe ein Skalar (nur eine Zahl), dann steht dort also eine [1].

```
5*7
## [1] 35
5**7
## [1] 78125
#Das #-Zeichen benutzt man für Kommentar.
log10(1000) # Logarithmus zur Basis 10.
## [1] 3
log2(32)
## [1] 5
log(exp(1))
## [1] 1
```

2.1.2   Zuweisungen, Variablennamen, einfache Dateneingabe und statistische Maßzahlen

Zuweisungen erfolgen durch <- oder =.

Einzelne Werte, Vektoren, Matrizen und weitere Datenobjekte werden als Variablen gespeichert. Variablennamen dürfen als Sonderzeichen nur einen Punkt oder Unterstrich (Underscore) enthalten. Es wird zwischen Groß-und Kleinschreibung unterschieden (case sensitivity).

Durch Aufruf des Variablennamens wird der Inhalt ausgegeben.

```
a = 3
Drei.plus.Vier = 3+4
drei_minus_vier = 3-4
Drei.plus.Vier
## [1] 7
drei_minus_vier
## [1] -1
```

2.1.3   Dataframe erstellen, speichern und einlesen

In der Regel werden Daten aus einer externen Datei eingelesen. Hat man jedoch nur wenige Werte, so kann man Datenvektoren $\mathbf{x} = (x_1, \ldots, x_n)$ eingeben mit c(…).[1] Als Beispiel für die einfache Eingabe einiger weniger Daten wählen wir die Merkmale Körpergröße und Körpergewicht von sechs Personen. Pro Person erhält man ein Datenpaar.

Diese Daten könnten wir in zwei Vektoren eingeben und anschließend zu einem sogenannten *Dataframe* zusammenfassen. Ein *Dataframe* entspricht im Prinzip einer Matrix, in der jedoch unterschiedliche Datentypen auftreten können, numerische Werte und Zeichen. In diesem Beispiel sind beide Datenvektoren numerisch.

```
groesse = c(1.65, 1.74, 1.75, 1.80, 1.90, 1.91)
gewicht = c(60, 72, 57, 90, 95, 72)
D = data.frame(groesse,gewicht)
```

Dieser *Dataframe* kann jetzt z.B. mit `write.table` gespeichert und in der nächsten Sitzung wieder eingelesen werden.

```
write.table(D,"Verzeichnis/D.txt",quote=FALSE,row.names=FALSE)
# speichern ohne Anfuehrungszeichen und ohne Zeilennummern
```

Das Einlesen erfolgt mit dem Befehl `read.table` oder in RStudio über das Menü *Import Dataset*.

Wir können nach dem Einlesen nicht ohne weiteres auf die einzelnen Variablen (Spalten) zugreifen. Die Datei muss zunächst mit `attach(Dateiname)` in den Suchpfad aufgenommen werden. Nach Beendigung der Analysen sollte sie mit `detach(Dateiname)` wieder aus dem Pfad entfernt werden.

```
D = read.table("Verzeichnis/D.txt", header=TRUE)
# header=TRUE: die erste Zeile enhaelt Ueberschriften
attach(D)
```

2.1.4   Datenselektion

Wir beziehen uns wieder auf die beiden Vektoren der Länge 6 und den daraus erstellten *Dataframe*. Daten können durch Angabe der Vektorkomponenten selektiert werden, oder auch durch bestimmte Kriterien. Die folgenden Beispiele verdeutlichen dies. Zunächst wird der *Dataframe* aufgelistet:

---

[1]Alternative: Datenvektor an der Konsole mit `scan()` eingeben: Die Werte werden einzeln eingegeben und mit Enter bestätigt. Den Abschluss bildet nochmals die Enter-Taste.

```
D
##   groesse gewicht
## 1    1.65      60
## 2    1.74      72
## 3    1.75      57
## 4    1.80      90
## 5    1.90      95
## 6    1.91      72
```

2.1.4.1 Selektive Auswahl von Vektorkomponenten und Datensätzen (Zeilen) des Dataframes

```
gewicht[3:4] # Komponenten 3 bis 4
## [1] 57 90

gewicht[-c(1,3,4)] # alles bis auf die Komponenten 1,3 und 4
## [1] 72 95 72

D[3,2] # Komponente in Zeile 3, Spalte 2
## [1] 57

 D[1:3,] # Zeilen 1 bis 3, alle Spalten
#           (keine Einschränkung im 2. Index)
##   groesse gewicht
## 1    1.65      60
## 2    1.74      72
## 3    1.75      57
```

2.1.4.2 Selektive Auswahl durch logische Abfragen

Logische Abfragen erfolgen mit Vergleichsoperatoren. Die Vektorindizes, bei denen sich TRUE ergibt, können zur Selektion der Zeilen benutzt werden:

```
gewicht > 70
## [1] FALSE TRUE FALSE TRUE TRUE TRUE

D[gewicht>70,] # Datensätze von Personen,
#                 deren Gewicht über 70 liegt
##   groesse gewicht
## 2    1.74      72
## 4    1.80      90
## 5    1.90      95
## 6    1.91      72

# weitere Vergleichsoperatoren

D[gewicht==72,] # Gleichheit
```

```
##     groesse gewicht
## 2    1.74      72
## 6    1.91      72


D[gewicht!=72,] # Ungleichheit
##     groesse gewicht
## 1    1.65      60
## 3    1.75      57
## 4    1.80      90
## 5    1.90      95


D[gewicht<=72,] # kleiner / gleich
##     groesse gewicht
## 1    1.65      60
## 2    1.74      72
## 3    1.75      57
## 6    1.91      72



# Verknüpfungen mit & (and) bzw. | (or):
gewicht > 60 & gewicht <= 72
## [1] FALSE   TRUE FALSE FALSE FALSE   TRUE


D[gewicht>60 & gewicht<=72,] #
##     groesse gewicht
## 2    1.74      72
## 6    1.91      72
```

2.1.5   Lageparameter

Der arithmetische Mittelwert und der Median sowie weitere Quantile sind die gebräuchlichsten Maße, um die Lage von Daten zu beschreiben.

1. arithmetischer Mittelwert $\overline{x}$

$$\overline{x} = \frac{1}{n} \sum_{i=1}^{n} x_i$$

```
mean(groesse) # Mittelwert
## [1] 1.791667
```

2. Median $\tilde{x} = x_{0,5}$
   der Wert, der von 50 % der Daten nicht überschritten wird
3. $p-$Quantil ($p-$Perzentil) x_p
   der Wert, der von einem vorgegebenem Anteil p nicht überschritten wird

Der Median entspricht dem 50 %-Quantil.
Weitere spezielle Quantile sind die sogenannten Quartile $x_{0.25}$, $x_{0.5}$, $x_{0.75}$, die die Daten jeweils in Viertel einteilen. Zu ihnen gehört natürlich auch der Median.

```
median(groesse) # Median
## [1] 1.775

quantile(groesse,0.25) # 25%-Quantil
## 25%
##    1.74253
```

2.1.6 Einige Streuungsparameter

Spannweite, Varianz und Standardabweichung – die Wurzel aus der Varianz – sind die gebräuchlichsten Streuungsparameter.

1. Spannweite
   als Differenz

$$sp = x_{\max} - x_{\min} = x_{(n)} - x_{(1)}$$

   oder auch als Intervall geschrieben

$$sp = [x_{\max}, x_{\min}] = [x_{(n)}, x_{(1)}]$$

2. Varianz

$$s^2 = \frac{1}{n-1} \sum_{i=1}^{n} (x_i - \overline{x})^2$$

   Summe der quadrierten Abweichungen der Einzelwerte vom arithmetischen Mittelwert dividiert durch die Anzahl $n - 1$.
   (Durch den Nenner $n - 1$ erhält man einen etwas größeren Wert im Vergleich zum Nenner n. Hierbei werden die vorhandenen Daten als Stichprobe von zufällig erhalten Daten aus einer größeren Menge – der sogenannten Grundgesamtheit – betrachtet. Durch die Parameter der Stichprobe sollen die Parameter der Grundgesamtheit geschätzt werden. Mit dem Nenner $n - 1$ liegt man „im Mittel richtig", formal spricht man von einer erwartungstreuen Schätzung.)

3. Standardabweichung

$$s = \sqrt{s^2} = \sqrt{\frac{1}{n-1} \sum_{i=1}^{n} (x_i - \overline{x})^2}$$

```
range(groesse) # Spannweite als Intervall
## [1] 1.65 1.91
var(groesse)    # Varianz
## [1] 0.01005667
sd(groesse)     # Standardabweichung
## [1] 0.1002829
```

2.1.7   Beispieldatei `Studis200` als Datenmatrix

Wir betrachten nun eine Datei, in der fiktive Daten von 200 Studierenden der Studiengänge Informatik und Wirtschaftsinformatik zusammengestellt sind. Wir lesen die Datei `Studis200.txt` ein und listen die Zeilen auf (dies ist für große Dateien natürlich nicht geeignet).

```
Studis200 = read.table("Verzeichnis/Studis200.txt", header=TRUE)
# header=TRUE: die erste Zeile enhaelt Ueberschriften

Studis200

## kgroesse kgewicht Geschlecht Studiengang
## 177       73         m Informatik
## 176       62         m Informatik
## 168       51         m Informatik
## 164       56         w Informatik
## 171       63         m Informatik
    .         .         . .
    .         .         . .
    .         .         . .
## 171       62         w Wi-Informatik
## 171       64         m Wi-Informatik
## 167       50         w Wi-Informatik
## 175       62         w Wi-Informatik
## 170       64         m Wi-Informatik
```

Dies sind multivariate Daten bestehend aus $n = 200$ Zeilen für die 200 Studierenden (allgemeine Bezeichnung: Objekte) und $p = 4$ Spalten für die 4 Merkmale.

Bei $p = 1$ spricht man von univariaten, bei $p = 2$ von bivariaten Daten.

Formal können wir die Daten durch eine $n \times p$-Matrix X darstellen, wobei alphanumerische Werte also Zahlen und Zeichen zugelassen sind.

$$
X = \begin{pmatrix}
x_{11} & \cdots & x_{1p} \\
x_{21} & & x_{2p} \\
\vdots & \ddots & \vdots \\
x_{i1} & x_{ij} & x_{ip} \\
& & \ddots \\
x_{n1} & \cdots\cdots\cdots & x_{np}
\end{pmatrix}, \quad x_{ij} : \text{Wert des } j\text{-ten Merkmals am Objekt } i
$$

Mit `summary` verschaffen wir uns einen Überblick über die Datei:

```
summary(Studis200)
```

```
##       kgroesse         kgewicht      Geschlecht Studiengang
##    Min.   :154.9   Min.   :47.37   m:167      BCS:160
##    1st Qu.:170.8   1st Qu.:60.43   w: 33      BIS: 40
##    Median :177.2   Median :65.99
##    Mean   :177.8   Mean   :66.25
##    3rd Qu.:184.5   3rd Qu.:71.66
##    Max.   :204.9   Max.   :89.11
```

Man erhält Maßzahlen für die quantitativen (numerischen) Variablen und Häufigkeiten der Kategorien für die qualitativen (kategorialen) Daten.

Wir nehmen die Datei in den Suchpfad auf.

```
attach(Studis200)
```

2.1.8 Elementare Grafiken und Häufigkeitstabellen

Mit Grafiken kann man sich einen guten Überblick über Daten verschaffen, wie z. B. über Lage und Streuung der Werte bei numerischen Merkmalen, Häufigkeiten der Kategorien bei qualitativen Variablen sowie auch über Zusammenhänge zwischen Merkmalen.

2.1.8.1 Univariate Analysen

Wir führen zunächst univariate Analysen durch, d. h. wir betrachten nur ein Merkmal bei jedem Analyseschritt.

2.1.8.2 Grafiken für quantitative Variablen

Stripchart

Wenn eine quantitative Variable nur aus wenigen Daten besteht, so kann man die Lage der einzelnen Werte einfach durch ein Stripchart darstellen (Abb. 2.1).

```
stripchart(groesse) # dies war der Datenvektor der Laenge 6
```

Abb. 2.1 Stripchart

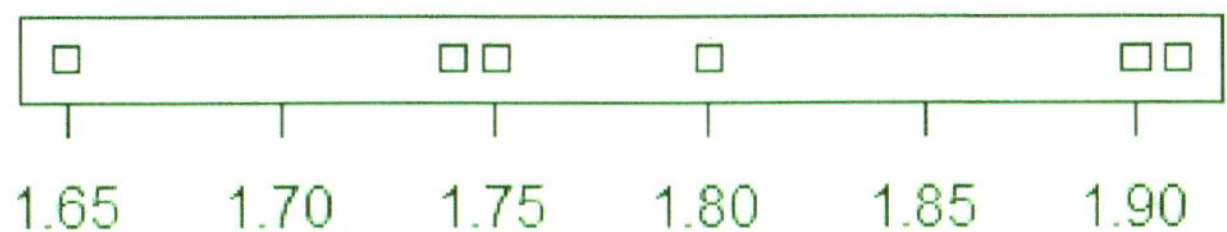

Überlappungen können durch den jitter-Parameter vermieden werden (s. Hilfe zu stripchart).

2.1.8.3 Histogramm

Bei vielen Daten wird ein Stripchart zu unübersichtlich. Die Daten sollten dann klassiert werden und die Klassenhäufigkeiten durch ein Histogramm dargestellt werden.

Mit dem einfachen Aufruf hist(kgroesse) könnte man schnell ein Histogramm für das Merkmal Körpergröße erstellen. Wir verbessern die Grafiken mit einer Überschrift (main), Achsenbeschriftungen (xlab und ylab), Begrenzungen für x-und y-Achse (xlim und ylim) und einer Farbe (col).
grid() fügt ein Liniennetz ein. Wir können es hier nur für die y-Koordinaten gebrauchen, also wählen wir grid(nx=NA,ny=NULL).

Im Histogramm kann man auch andere Klassengrenzen wählen mit breaks. Weitere Möglichkeiten sind in der Hilfe zu hist beschrieben (Aufruf: ?hist).

```
hist(kgroesse,main="Histogramm der Körpergröße",
 xlab="Körpergröße [cm]", ylab="absolute Häufigkeit",
 col="lightblue",ylim=c(0,50),xlim=c(150,210))
grid(nx=NA,ny=NULL,col="black")

# Histogramm mit ueberlagertem geglaettetem Histogramm
hist(kgroesse, freq=FALSE,
 main="Histogramm der Körpergröße", xlab="Körpergröße [cm]",
 ylab="",col="lightblue",xlim=c(150,210))
lines(density(kgroesse,bw=2))
```

Die Parameter sehen etwas kompliziert aus.
Es gibt eine Bibliothek (library ggplot2, siehe Abschn. 2.1.9), mit der sehr schöne Grafiken z. B. mit automatischer Achsenanpassung und mit Gitternetzlinien erstellt werden können. Aber es ist sinnvoll, auch die Basisfunktionen zu kennen.

2.1.8.4 Ein geglättetes Histogramm: Kerndichte

Die Darstellung eines Histogramms hängt manchmal stark davon ab, wie die Klasseneinteilung gewählt wurde. Um diese Abhängigkeit zu umgehen, können Histogramme "geglättet" werden (Abb. 2.2 rechts).

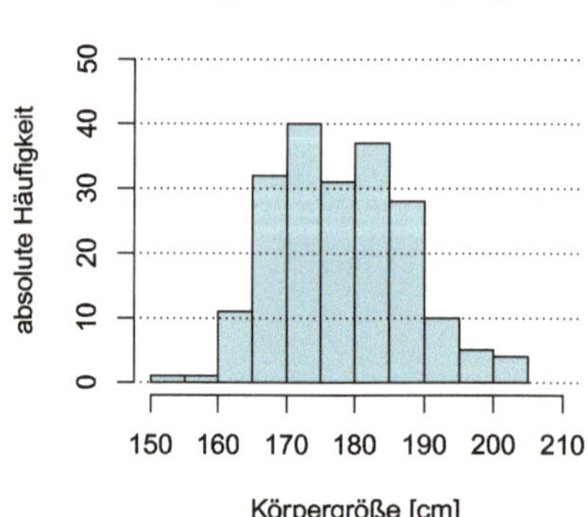

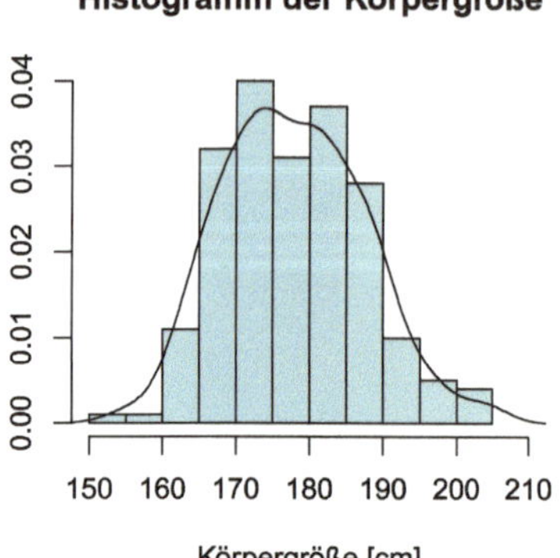

Abb. 2.2 Histogramme (rechts mit Kerndichte)

Hierbei wird um jeden Datenpunkt x_j, $j = 1, \ldots, n$ eine Kernfunktion k_j, z. B. eine Gauß'sche Normalverteilungskurve mit Symmetriepunkt x_j und "Standardabweichung" h gebildet. Werte, die weit von x_j entfernt liegen, haben einen niedrigen Funktionswert.

$$k_j(t) = \frac{1}{\sqrt{2\pi}h} e^{-\frac{1}{2}\cdot\left(\frac{t-x_j}{h}\right)^2}$$

Dann bildet man für jeden Wert $t \in \mathbf{R}$ die Summe

$$f(t) = \sum_{j=1}^{n} k_j(t)$$

und erhält die sogenannte *Kerndichte*. In den Bereichen, in denen viele Werte x_j liegen, hat $f(t)$ dadurch hohe Funktionswerte.

Der Wert h wird hier als Bandbreite h bezeichnet. Sie bestimmt, wie glatt die Kurve wird, bzw. wie stark sie den Daten folgt.

2.1.8.5 Boxplot

Im Boxplot kann man Minimum, 25 %-Quantil, Median, 75 %-Quantil und Maximum ablesen (s. Abb. 2.3, rechts). Die Striche werden allerdings maximal bis zum letzten Wert innerhalb der 1.5-fachen Boxlänge jeweils vom Rand der Box gezeichnet. Alle Werte die außerhalb liegen, werden als einzelne Punkte dargestellt. Mit `boxplot(kgroesse)` kann man einen einfachen Boxplot erstellen, wir fügen wieder Beschriftungen und Farbe hinzu.

```
boxplot(kgroesse,col="gold",main="Körpergröße",ylab="[cm]")
```

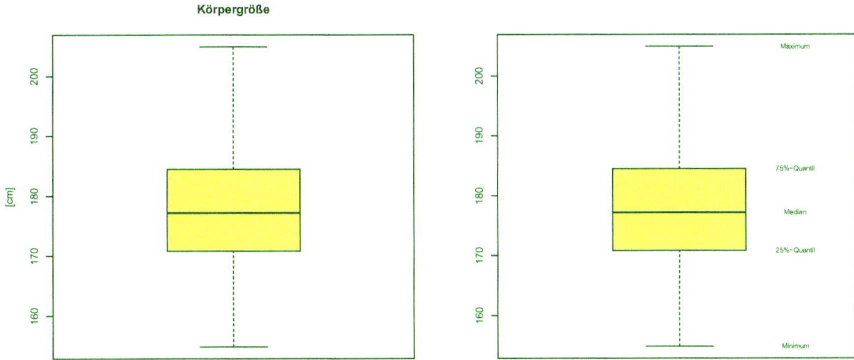

Abb. 2.3 Boxplot (rechts mit Erläuterungen, ohne R-Code)

2.1.8.6 Häufigkeitstabellen und Grafiken für qualitative Variablen – Stabdiagramme (Barplots)–

Mit dem Aufruf `table(…)` erstellt man einfache Häufigkeitstabellen, mit `prop.table(table(…))` kann man auch relative Häufigkeiten hinzufügen, und mit `barplot(table(…))` kann man diese Häufigkeiten durch Stabdiagramme darstellen.

Einfacher geht es mit der Funktion `freq` aus dem Zusatzpaket (der library) `descr` (Abb. 2.4).

```
library(descr)  # Aufruf der library
                # Sie muss vorher installiert werden.
freq(Geschlecht,plot=TRUE,col=c("blue","red"),main="Geschlecht")


## Geschlecht
##         Frequency Percent
## m             167    83.5
## w              33    16.5
## Total         200   100.0


freq(Studiengang,plot=TRUE,col=c("gold","green"),
main="Studiengang")


## Studiengang
##         Frequency Percent
## BCS           160      80
## BIS            40      20
## Total         200     100
```

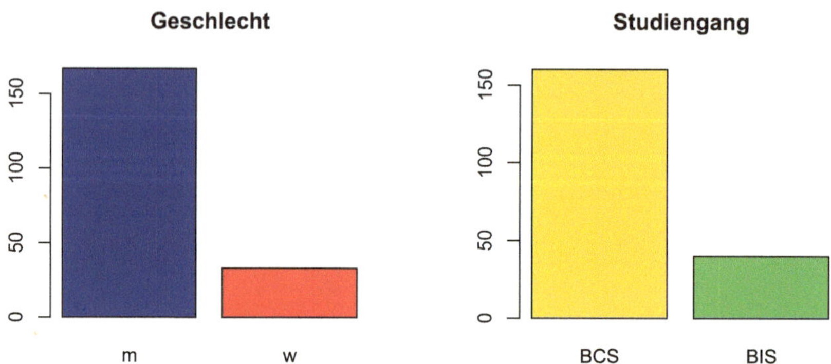

Abb. 2.4 Stabdiagramme (Barplots) für univariate Daten

2.1.8.7 Bivariate Analyse

Bei bivariaten Analysen geht es darum, den Zusammenhang zwischen zwei Variablen zu untersuchen. Die Variablen können qualitativ oder quantitativ sein.

2.1.8.8 Zwei qualitative Variablen

Bei zwei qualitativen Variablen erstellt man typischerweise Häufigkeitstabellen und Stabdiagramme (Barplots) oder Mosaicplots. Mosaicplots geben die Proportionen der Kategorien sehr gut wieder. Auch für zweidimensionale Häufigkeitstabellen bietet die `library descr` eine Funktion, mit der man Tabellen und Grafiken *(mosaicplots)* auf einfache Weise erzeugen kann (Abb. 2.5)

Abb. 2.5 Mosaikplots

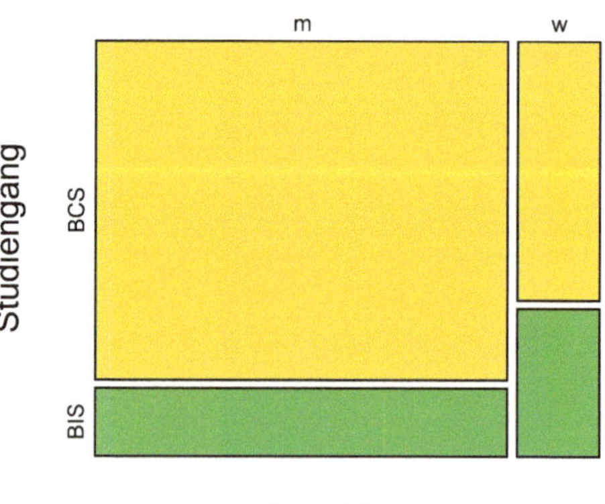

```
crosstab(Studiengang,Geschlecht,
         prop.r = TRUE, prop.c = TRUE, prop.t = TRUE,
         col=c("gold","green"))
                 #erzeugt automatisch mosaicplot, sonst plot=FALSE
```

```
##     Cell Contents
## |-------------------------|
## |                   Count |
## |             Row Percent |
## |          Column Percent |
## |           Total Percent |
## |-------------------------|
##
## ===================================
##                 Geschlecht
## Studiengang        m        w    Total
## -----------------------------------
## BCS              139       21      160
##                86.9%    13.1%    80.0%
##                83.2%    63.6%
##                69.5%    10.5%
## -----------------------------------
## BIS               28       12       40
##                70.0%    30.0%    20.0%
##                16.8%    36.4%
##                14.0%     6.0%
## -----------------------------------
## Total            167       33      200
##                83.5%    16.5%
## ===================================
```

2.1.8.9 Quantitative Variablen in verschiedenen Kategorien – Boxplots

Durch Boxplots kann man gut die Lage und Streuung von quantitativen Merkmalen in verschiedenen Gruppen vergleichen. Die Gruppeneinteilung erfolgt durch Angabe einer qualitativen Variablen (Abb. 2.6).

(Das Zeichen ~ ist eine Tilde.)

```
boxplot(kgewicht ~ Geschlecht, ylab="Körpergewicht [kg]",
 col=c("blue","red3"),
 main="Körpergewicht in Abh. vom Geschlecht")
boxplot(kgewicht ~ Studiengang, ylab="Körpergewicht[kg]",
 col=c("gold","green"),
 main="Körpergewicht in Abh. vom Studieng.")
```

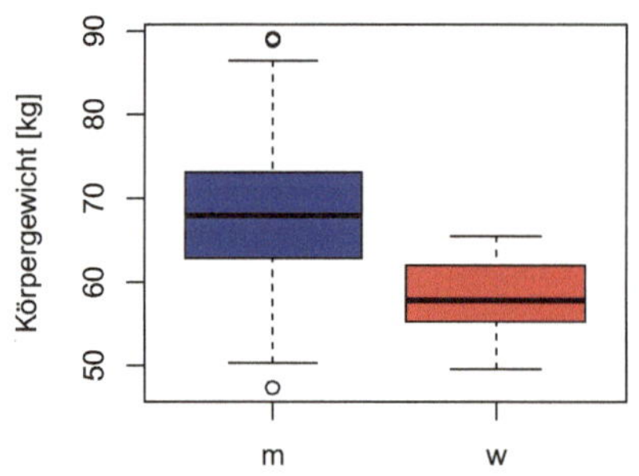
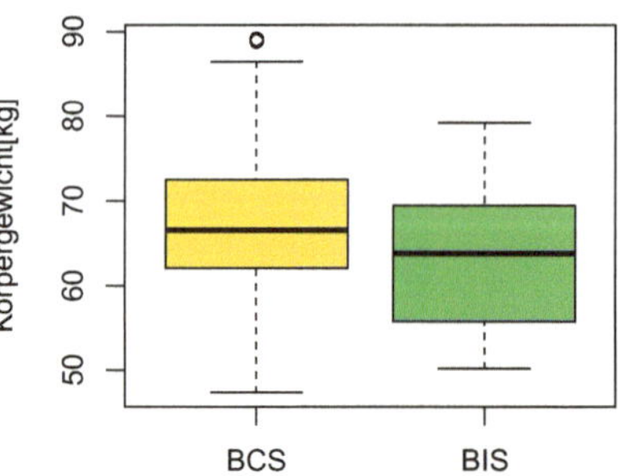

Abb. 2.6 Boxplots in Kategorien

2.1.8.10 Zwei quantitative Variablen – Streudiagramm (Scatterplot)

Aus einem Streudiagramm wird ersichtlich, ob es einen Zusammenhang zwischen zwei quantitativen Merkmalen gibt[2]. Jedes Datenpaar wird durch einen Punkt im Koordinatensystem dargestellt.

```
# einfacher Plot:
plot(kgewicht ~ kgroesse)

# Mit Farbe für die Geschlechter, rot fuer weiblich,
# blau fuer maennlich:
Farbe =rep("blue",200)
# Vektor der Länge 200 mit "blue" vorbesetzen
# Die Komponenten, bei denen Geschlecht
# weiblich ist, auf "red" setzen
Farbe[Geschlecht=="w"] ="red3"
plot(kgewicht ~ kgroesse,col=Farbe,pch=20)
# Jetzt werden die Punkte farbig markiert.
grid(col="black")
```

Den Streudiagrammen in Abb. 2.7 kann man entnehmen, dass es einen Zusammenhang zwischen der Körpergröße und dem Körpergewicht der Personen gibt. Tendenziell gehört zu einer überdurchschnittlichen Körpergröße auch ein überdurchschnittliches Körpergewicht, man spricht von einem positiven Zusammenhang. Im Abschnitt zur Korrelation und auch im Kapitel Regression wird darauf noch genauer eingegangen.

Zum Abschluss wird die Datei Studis200 wieder aus dem Suchpfad entfernt.

```
detach(Studis200)
```

---

[2]Wird ein Zusammenhang erkannt, so muss es sich nicht unbedingt um einen kausalen Zusammenhang zwischen den beiden Merkmalen handeln, hierauf wird im Abschn. 3 nochmals kurz eingegangen.

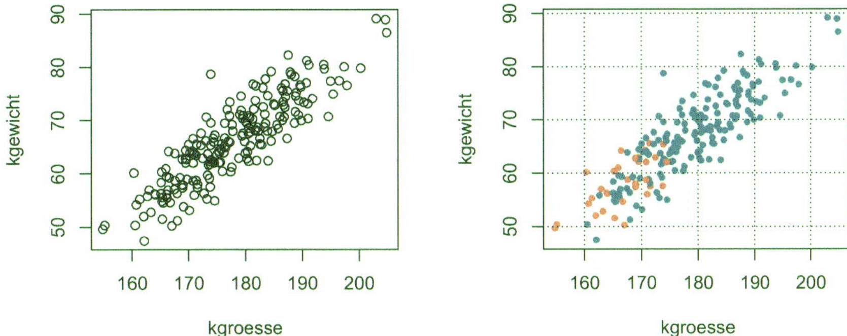

Abb. 2.7 Streudiagramm

2.1.9   Grafiken mit der library ggplot2

Wir erstellen nun einige der Grafiken, die wir mit den Basisfunktionen von R erzeugt hatten, mit der library ggplot2 (Abb. 2.8, 2.9, 2.10, 2.11, 2.12, 2.13 und 2.14). Es handelt sich nur um eine kleine Auswahl, um einen ersten Einblick in die Möglichkeiten zu geben. Die Syntax wird hier nicht erklärt.

Abb. 2.8 Histogramm

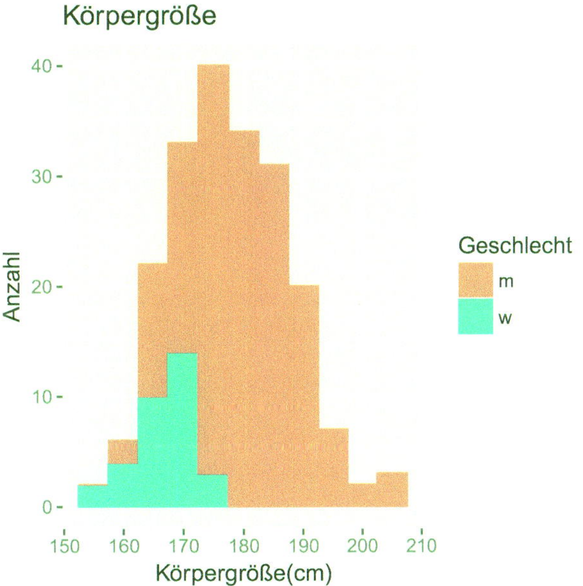

Abb. 2.9 Histogramm mit Häufigkeitsdichte

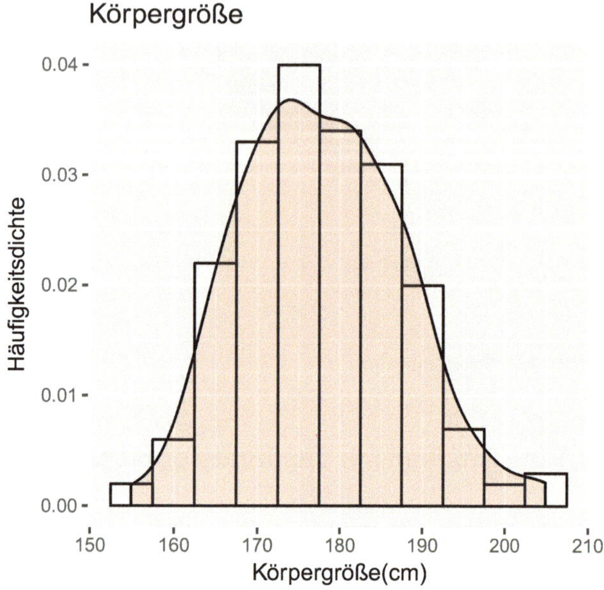

Abb. 2.10 Boxplots

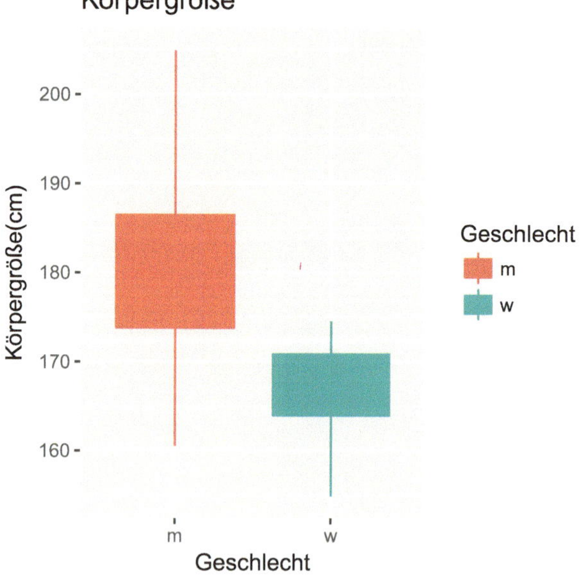

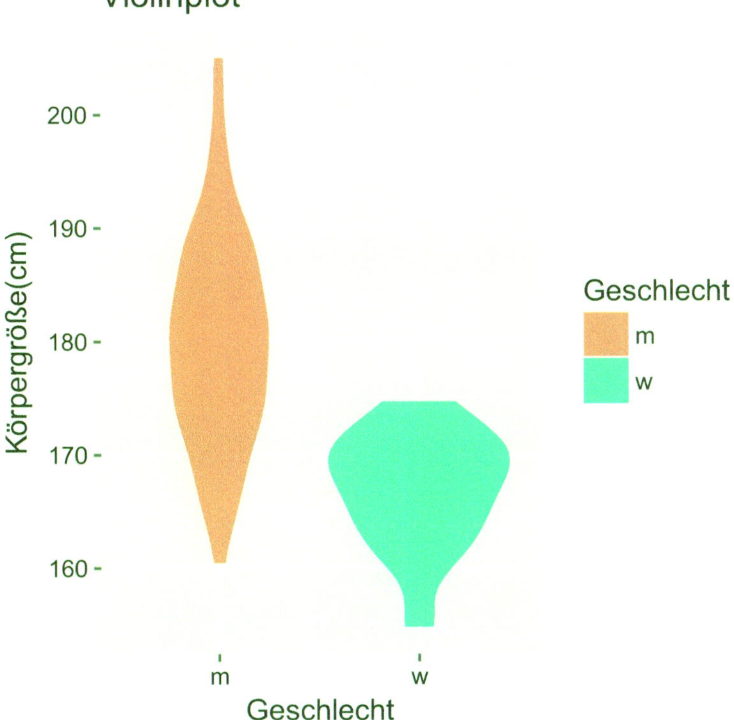

Abb. 2.11 Violinplots

2.1.9.1 Daten einlesen:

```
Studis200 = read.table("Studis200.txt", header=TRUE)

library(ggplot2)
```

2.1.9.2 Histogramm

```
p = ggplot(Studis200, aes(x=kgroesse,fill=Geschlecht,
            color=Geschlecht)) +
  geom_histogram(binwidth=5)+
labs(title="Körpergröße",x="Körpergröße(cm)", y = "Anzahl")
p
```

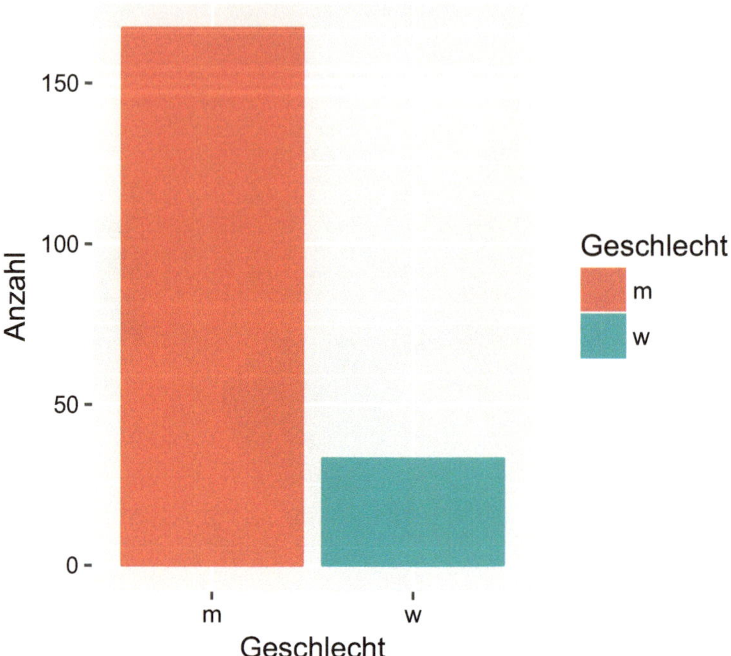

Abb. 2.12 Barplot

2.1.9.3 Histogramm mit Häufigkeitsdichte

```
p = ggplot(Studis200, aes(x=kgroesse)) +
  geom_histogram(aes(y=..density..), binwidth=5,color="black",
                      fill="white",alpha=.2)+
  geom_density(alpha=.2, fill="#FF6666")+
    labs(title="Körpergröße",x="Körpergröße(cm)",
        y = "Häufigkeitsdichte")
p
```

2.1.9.4 Boxplot

```
p = ggplot(Studis200, aes(y=kgroesse,x=Geschlecht,
            fill=Geschlecht,color=Geschlecht)) +
  geom_boxplot()+
labs(title="Körpergröße",y="Körpergröße(cm)", x = "Geschlecht")
p
```

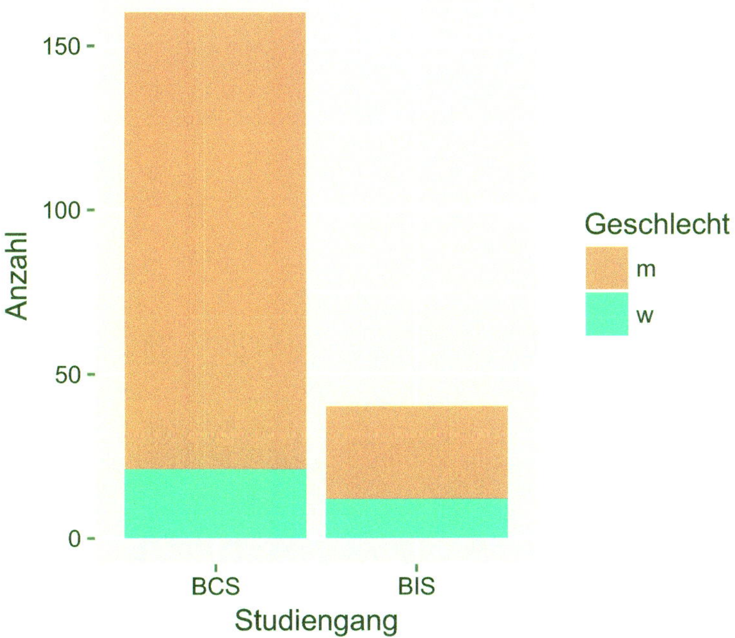

Abb. 2.13 Barplot für zwei Merkmale

2.1.9.5 Violinplot
Der Violinplot zeigt durch die Breite die Verteilung der Daten deutlicher als ein Boxplot.

```
p = ggplot(Studis200, aes(y=kgroesse,x=Geschlecht,
            fill=Geschlecht,color=Geschlecht)) +
  geom_violin()+
labs(title="Violinplot",y="Körpergröße(cm)", x = "Geschlecht")
p
```

2.1.9.6 Barplot
```
p = ggplot(Studis200, aes(x=Geschlecht,fill=Geschlecht,
            color=Geschlecht)) +
  geom_bar(stat="count")+
labs(title=
    "Anzahl der Studierenden \n nach Geschlecht unterteilt",
    y="Anzahl")
p
```

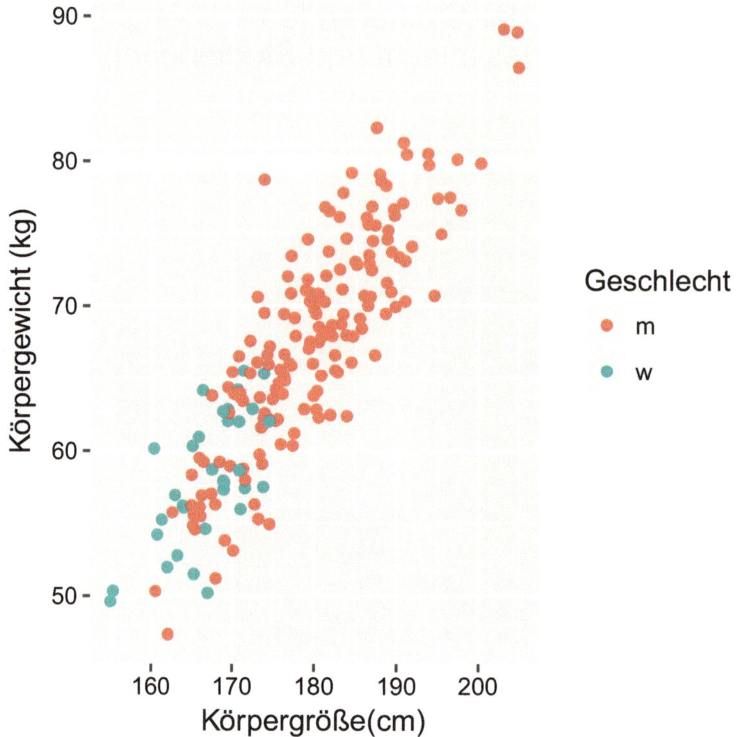

Abb. 2.14 Streudiagramm

```
p = ggplot(Studis200, aes(x=Studiengang)) +
  geom_bar()+
labs(title=
     "Anzahl der Studierenden \n nach Geschlecht und Studiengang",
        y="Anzahl")

p + geom_bar(aes(fill = Geschlecht))
```

2.1.9.7 Streudiagramm

```
ggplot(Studis200, aes(x=kgroesse, y=kgewicht,color=Geschlecht)) +
geom_point()+
labs(x="Körpergröße(cm)", y = "Körpergewicht (kg)")
```

2.2   Fehlende Werte, Ausreißer, Datentransformation

2.2.1   Fehlende Werte

Bei Datenanalysen kommt es häufig vor, dass einzelne Datenwerte fehlen, sei es weil Personen auf bestimmte Fragen nicht geantwortet haben, sei es dass bei Messungen ein Messgerät ausgefallen ist. Bei univariaten Analysen können diese Fälle nur von der Auswertung ausgeschlossen werden. Bei multivariaten Analysen sollte man überprüfen, ob es besonders viele fehlende Werte in einer Variablen (Spalte) gibt, oder ob sich die fehlenden Werte eher zeilenweise, also z. B. bei einzelnen Personen häufen. Im Fall einer Häufung in einer Variablen sollte diese Variablenspalte – wenn möglich – von der Analyse ausgeschlossen werden, um nicht zu viele Zeilen, in denen noch valide Werte für andere Variablen enthalten sein können, zu verlieren. Es gibt auch die Möglichkeit, fehlende Werte zu ergänzen, beispielsweise durch den Mittelwert oder Median aller Daten oder bezogen auf eine Untergruppe (z. B. mittlere Körpergröße aller Frauen). Dies wird als Imputation bezeichnet, sollte aber nur in Ausnahmefällen geschehen und dokumentiert werden, da das Vorhandensein „echter Daten" vorgetäuscht wird.

2.2.2   Ausreißer und Datentransformation

Stark abweichende Werte werden oft als Ausreißer bezeichnet. Diese Werte sollte man überprüfen. Sie können z. B. durch falsche Dateneingabe zustande gekommen sein und sollten entfernt werden, da sie die Analysen verfälschen. Es können aber auch korrekt gemessene Werte sein, Werte die man aufspüren will, um z. B. plötzlich abweichende Verhaltensmuster von Bankkunden aufzuspüren, vielleicht wurde die Kreditkarte gestohlen.

Ausreißer kann man mit Hilfe von Grafiken visuell aufspüren, allerdings sollten die Daten eine nicht zu schiefe Häufigkeitsverteilung haben; denn bei schiefen Verteilungen ist der rechte oder linke Randbereich sowieso „dünn besetzt", extreme Werte sind schlecht zu identifizieren. Ausserdem erfordern viele Auswertungsverfahren symmetrische Daten, wie z. B. normalverteilte Daten. (Normalverteilte Daten häufen sich in einem mittleren Bereich, während die Häufigkeiten zu beiden Seiten exponenziell abfallen.)

Schiefe Verteilungen kann man eventuell durch Logarithmustransformation auf Normalverteilungsform bringen, allerdings dürfen die Originaldaten nicht negativ sein (für negative Werte gibt es auch Möglichkeiten, diese werden hier jedoch nicht beschrieben).

Die Position der einzelnen Daten ist unter den Histogrammen durch Striche markiert (`rug(x)`). Der maximale Wert erscheint nach der Transformation nun nicht mehr als besonders extrem (Abb. 2.15).

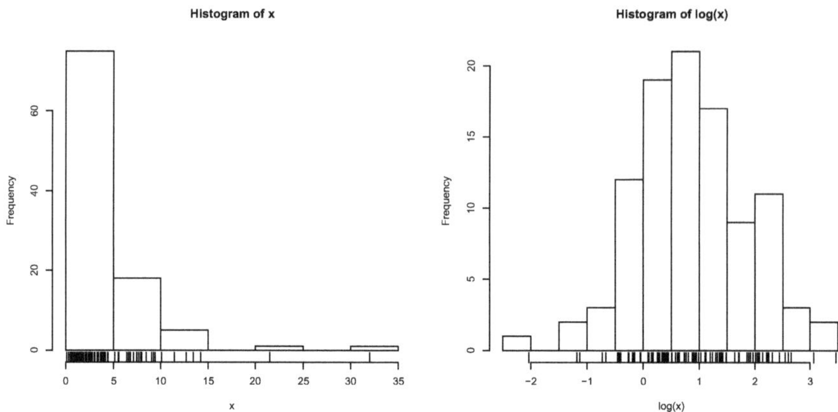

Abb. 2.15 schiefe Verteilung vor und nach Logarithmustransformation

Korrelation

In diesem Kapitel wird eine Maßzahl – der Korrelationskoeffizient – vorgestellt, mit der die Stärke des Zusammenhangs zwischen quantitativen oder ordinalen[1] Merkmalen quantifiziert werden kann. Handelt es sich um einen linearen Zusammenhang bei quantitativen Daten, so wählt man den Korrelationskoeffizienten von Bravais-Pearson, der meist einfach nur kurz als Korrelationskoeffizient bezeichnet wird. Ist der Zusammenhang zwar monoton steigend oder fallend, aber nicht unbedingt linear, so kann man stattdessen den Rangkorrelationskoeffizienten von Spearman benutzen. Er ist auch für ordinale Daten geeignet, die also in eine Rangfolge gebracht werden können, aber nicht unbedingt quantitativ sein müssen.

3.1 Kovarianz, Korrelationskoeffizient

Bei der grafischen Darstellung bivariater quantitativer Daten hatten wir ein Streudiagramm betrachtet, dem wir entnehmen konnten, dass es einen positiven Zusammenhang zwischen der Körpergröße von Personen und deren Gewicht gibt; allerdings ist der Zusammenhang nicht sehr stark, die Punkte streuen relativ stark um eine gedachte Gerade.

Die Richtung und Stärke dieses Zusammenhangs lässt sich durch eine Maßzahl quantifizieren, den Korrelationskoeffizienten.

In spateren Kapiteln wird die Prognose von Werten behandelt. So könnte es z. B. von Interesse sein, den Benzinverbrauch eines neuen PKW aus der Kenntnis verschiedener Merkmale X, Y, Z vorherzusagen.

Besteht ein enger Zusammenhang zwischen zwei Merkmalen X und Y, so könnte man bei Kenntnis des Wertes von X leicht den Wert von Y vorhersagen. Sollen andererseits Werte für eine dritte Variable Z mit Hilfe von X und Y prognostiziert werden, so reicht es im Fall der starken Abhängigkeit von X und Y vielleicht aus, nur X für die Prognose heranzuziehen.

---

[1] dies sind Merkmale, die sortiert werden können, wie z. B. Zufriedenheitsscores

© Springer Fachmedien Wiesbaden GmbH, ein Teil von Springer Nature 2020
M. von der Hude, *Predictive Analytics und Data Mining*,
https://doi.org/10.1007/978-3-658-30153-8_3

Abb. 3.1 Streudiagramm

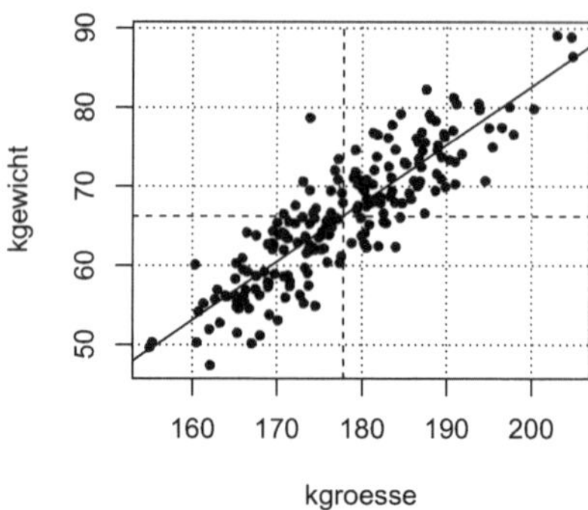

Der Korrelationskoeffizient kann also beispielsweise dazu dienen, geeignete Merkmale für Prognosen zu finden.

Die Stärke und Richtung des linearen Zusammenhangs zwischen quantitativen Merkmalen X und Y kann durch die Kovarianz bzw. den Korrelationskoeffizienten gemessen werden.

Mit der Kovarianz wird die Richtung eines linearen Zusammenhangs gemessen[2].

$$s_{x,y} = \frac{1}{n-1} \sum_{i=1}^{n} (x_i - \overline{x})(y_i - \overline{y})$$

Das Vorzeichen der Kovarianz kann man aus der Grafik 3.1 ablesen:

Die horizontale und vertikale Linie in der Abbildung verlaufen durch den Schwerpunkt der Daten, das ist der Punkt der Mittelwerte von X bzw. Y, in der Beispielgrafik sind dies die Merkmale Körpergröße und Körpergewicht. Liegen besonders viele Punkte „rechts oben" und „links unten", so sind viele Summanden in $s_{x,y}$ positiv, denn dann sind die Abweichungen vom Mittelwert in beiden Dimensionen positiv oder beide sind negativ. Entsprechend erzeugen viele Punkte „links oben" und „rechts unten" viele negative Summanden.

Allerdings ist das Ergebnis auch von der Skalierung der Variablen abhängig. Dividiert man die Kovarianz durch die Standardabweichungen so erhält man eine auf den Bereich $[-1, 1]$ normierte – und damit von der Skalierung unabhängige – Maßzahl, den Korrelationskoeffizienten:

---

[2]Die Varianz ist ein Spezialfall der Kovarianz:

$$s_{x,x} = \frac{1}{n-1} \sum_{k=1}^{n} (x_i - \overline{x})(x_i - \overline{x}) = \frac{1}{n-1} \sum_{k=1}^{n} (x_i - \overline{x})^2$$

$$r_{x,y} = \frac{s_{x,y}}{s_x s_y} = \frac{\frac{1}{n-1}\sum(x_i - \overline{x})(y_i - \overline{y})}{\sqrt{\frac{1}{n-1}\sum(x_i - \overline{x})^2} \cdot \sqrt{\frac{1}{n-1}\sum(y_i - \overline{y})^2}}$$

$$= \frac{\sum(x_i - \overline{x})(y_i - \overline{y})}{\sqrt{\sum(x_i - \overline{x})^2} \cdot \sqrt{\sum(y_i - \overline{y})^2}}$$

3.1.1   Eigenschaften des Korrelationskoeffizienten

Der Korrelationskoeffizient $r_{x,y}$ (oder kurz r) ist eine Maßzahl für die Stärke und Richtung des linearen Zusammenhangs zwischen zwei quantitativen Merkmalen X und Y mit folgenden Eigenschaften (vgl. Abb. 3.2):

$$-1 \leq r \leq 1$$

$r = 1,$ wenn alle Punkte exakt auf einer Geraden mit positiver Steigung liegen.

$r = -1,$ wenn alle Punkte exakt auf einer Geraden mit negativer Steigung liegen.

Falls $s_x = 0$ oder $s_y = 0$, so ist r nicht definiert.

Bei der Berechnung eines Korrelationskoeffizienten sollte unbedingt die zugehörige Grafik betrachtet werden. Zu den ersten fünf Punktwolken in den Grafiken 3.3 gehört jeweils ein Korrelationskoeffizient zwischen 0.6 und 0.8, woraus man auf einen mittleren bis starken linearen Zusammenhang schließen würde. Allerdings ist die Angabe des Wertes nur für die linke obere Grafik sinnvoll. In den anderen Grafiken liegt entweder kein linearer Zusammenhang zwischen den Variablen vor, oder der Zusammenhang ist fast perfekt, nur

Abb. 3.2 Korrelationen mit $r = 1, -1$ und die Fälle $s_x = 0$ bzw. $s_y = 0$

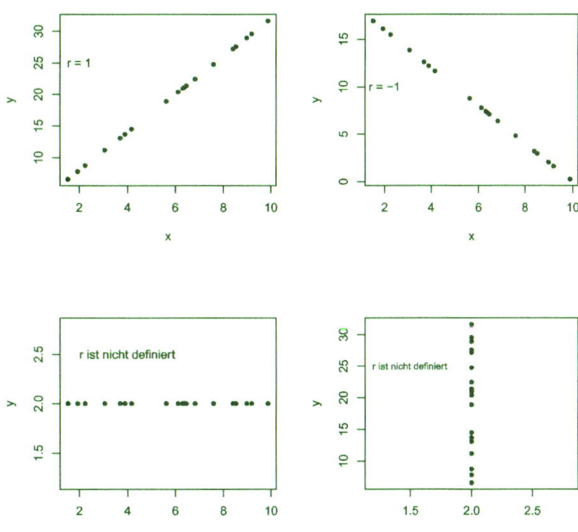

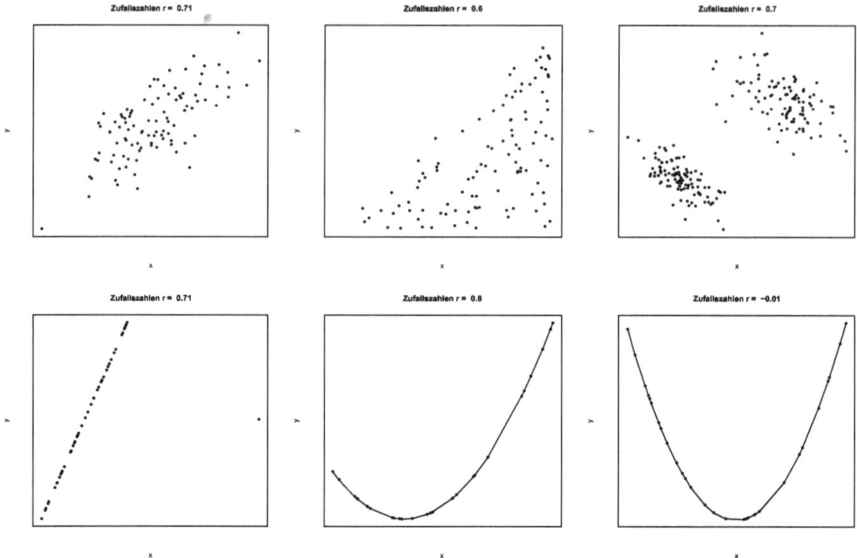

Abb. 3.3 Korrelationskoeffizient: verschiedene Beispiele

ein Ausreißer verringert den Wert sehr stark. In den letzten beiden Grafiken ist ein perfekter jedoch nichtlinearer Zusammenhang erkennbar.

3.1.2 Scheinkorrelationen

Wenn ein Streudiagramm einen starken linearen Zusammenhang zwischen zwei Variablen X und Y zeigt, so muss das nicht unbedingt bedeuten, dass auch ein kausaler Zusammenhang zwischen diesen Variablen besteht. Manchmal hängen X und Y von einer dritten Variablen Z ab, und durch diese Abhängigkeit wird ein scheinbarer Zusammenhang vorgetäuscht. Man spricht in diesem Fall von einer Scheinkorrelation zwischen X und Y. Formal kann man dies untersuchen, indem man partielle Korrelationskoeffizienten berechnet.[3] Oft kann man diesen Sachverhalt aber auch durch einfache Überlegungen herausfinden.

In der Grafik 3.4 sind die Anzahlen von Toren und Gegentoren von Fußballbundesligamannschaften dargestellt. In der linken Grafik sieht es so aus, als würden die Fußballmannschaften, die besonders viele Tore schießen, auch viele Gegentore kassieren. Wer jetzt den Sachverhalt nicht weiter analysiert, könnte denken, dass die Abwehr einer Mannschaft zu schwach ist, wenn sie sich auf das Toreschießen konzentriert. In Wirklichkeit ist hier jedoch eine dritte Variable für diesen Scheinzusammenhang verantwortlich, nämlich die Anzahl der Saisons, in denen die Mannschaften in der Bundesliga mitgespielt haben und damit die

---

[3]Dies wird hier nicht behandelt.

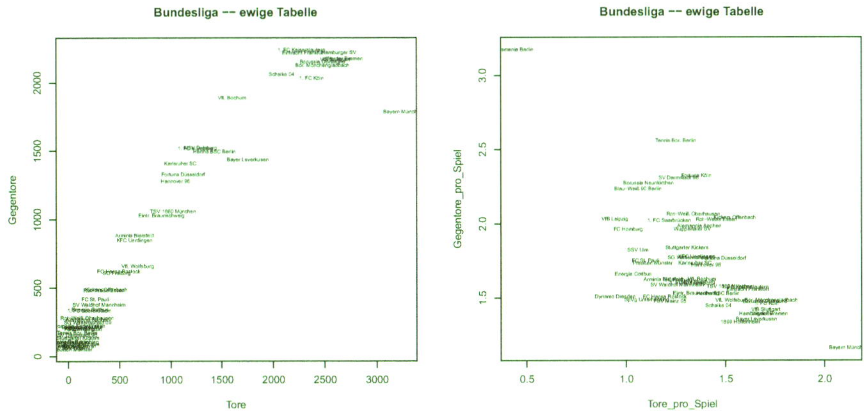

Abb. 3.4 Zwei Variablen hängen von einer dritten ab

Anzahl der Spiele, die die Mannschaften absolviert haben. Betrachtet man die Toranzahlen pro Spiel (rechte Grafik), so ist kein Zusammenhang mehr erkennbar.

3.1.3   Kovarianz- und Korrelationsmatrix bei p quantitativen Variablen

Bei mehreren Variablen kann man die Korrelationskoeffizienten zwischen je zwei Variablen berechnen und alles in einer Matrix zusammenstellen.

Wir betrachten zunächst noch einmal die Datenmatrix mit n Objekten (Zeilen) und p Merkmalen (Spalten).

$$
X = \begin{pmatrix}
x_{11} & \cdots & & x_{1p} \\
x_{21} & & & x_{2p} \\
\vdots & \ddots & & \vdots \\
x_{i1} & & x_{ij} & x_{ip} \\
& & & \ddots \\
x_{n1} & \cdots & \cdots & x_{np}
\end{pmatrix}
$$

Mit den Bezeichnungen

$s_{i,j}$: Kovarianz zwischen Merkmal i und j, $\quad i, j = 1, \ldots, p$

$s_{i,i} = s_i^2 =$ Varianz des Merkmals i

$r_{i,j}$: Korrelation zwischen Merkmal i und j

stellen wir die Kovarianz- und Korrelationsmatrix zusammen :

$$
\begin{array}{cc}
\text{Kovarianzmatrix} & \text{Korrelationsmatrix} \\[4pt]
S = \begin{pmatrix}
s_1^2 & s_{1,2} \cdots & & s_{1,p} \\
& s_{2,1} & & s_{2,p} \\
\vdots & & \ddots & \vdots \\
& s_{i,1} & s_{i,j} & s_{i,p} \\
& & & \ddots \\
& s_{p,1} \cdots & \cdots \quad \cdots & s_p^2
\end{pmatrix}
&
R = \begin{pmatrix}
r_{1,1} & r_{1,2} \cdots & & r_{1,p} \\
& r_{2,1} & & r_{2,p} \\
\vdots & & \ddots & \vdots \\
& r_{i,1} & r_{i,j} & r_{i,p} \\
& & & \ddots \\
& r_{p,1} \cdots & \cdots \quad \cdots & r_{p,p}
\end{pmatrix}
\end{array}
$$

Die Matrizen sind symmetrisch, d.h. es gilt $S^T = S$ und $R^T = R$

Als Beispiel wählen wir die Datei `Cars93` aus dem package `MASS`. Diese Datei enthält u. a. Daten zu Autos aus den USA mit Angaben zum Verkaufspreis (Price), zum Benzinverbrauch im Stadtverkehr (MPG.city), zur Motorgröße (EngineSize) und zur PS-Zahl (Horsepower). Wir sehen uns zunächst die zugehörigen Streudiagramme an (Abb. 3.5, links) und betrachten die Korrelationsmatrix. In der Matrix der Streudiagramme findet man auf der Diagonalen die Variablennamen. Die Beschriftungen der vertikalen Achsen findet man jeweils links oder rechts von den Grafiken, die der horizontalen Achsen über oder unter den Grafiken.

```
library(MASS) # Paket laden
data(Cars93)  # Daten aus dem Paket abrufen
quanti = Cars93[,c(5,7,12,13)] # einige quantitative Variablen
                              # auswählen
plot(quanti,pch=20)  # Matrix der Streudiagramme erstellen

round(cor(quanti),2) # Korrelationsmatrix erstellen
#              Werte auf 2 Nachkommastellen gerundet
##            Price MPG.city EngineSize Horsepower
## Price       1.00    -0.59       0.60       0.79
```

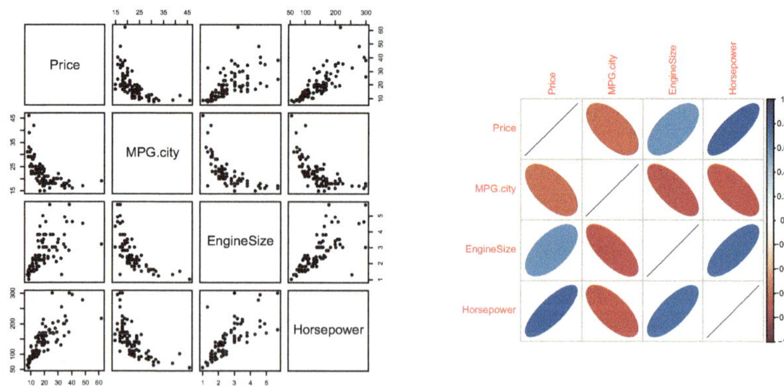

Abb. 3.5 Matrix der Streudiagramme (links) und der Korrelationskoeffizienten (rechts)

```
## MPG.city    -0.59     1.00     -0.71     -0.67
## EngineSize   0.60    -0.71      1.00      0.73
## Horsepower   0.79    -0.67      0.73      1.00
```

Die Korrelationsmatrix kann sehr gut durch Ellipsen mit der Funktion `corrplot` aus der gleichnamigen library `corrplot` dargestellt werden (3.5, rechts). Die Form, Farbe und Richtung der Ellipsen zeigen die Stärke und Richtung des Zusammenhangs.

```
library(corrplot)
corrplot(cor(quanti), method = "ellipse")
```

In den Streudiagrammen ist zu erkennen, dass die Zusammenhänge zum Teil nicht linear sind, ein gekrümmter Verlauf ist erkennbar. Hierauf ist der Bravais-Pearson'sche Korrelationskoeffizient eigentlich nicht gut anwendbar. Besser geeignet ist der Rangkorrelationskoeffizient von Spearman.

3.2   Rangkorrelation für monotone Zusammenhänge

Der Rangkorrelationskoeffizient von Spearman dient der Untersuchung von monotonen Zusammenhängen, also Fragestellungen der Art:

Gehören zu großen x-Werten große y-Werte? Gibt es einen monoton steigenden Zusammenhang?

Gehören zu großen x-Werten kleine y-Werte? Gibt es einen monoton fallenden Zusammenhang?

Die Art des Zusammenhangs muss nicht linear sein.

Anstelle der tatsächlichen quantitativen Daten werden die Werte jeder Variablen nach der Größe sortiert und es werden Ränge gebildet (der kleinste von n Werten erhält die Rangzahl 1, der zweitkleinste die Rangzahl 2 usw., bei gleicher Größe werden die Rangzahlen gemittelt).

Da man die Werte nur nach der Größe sortieren können muss, reicht eine ordinale Skalierung, d. h. es muss nur eine Rangfolge gegeben sein.

Analog zum Bravais-Pearson'schen Korrelationskoeffizienten r wird aus den Rangzahlen $R(x_i), i = 1, \ldots, n$ der Rangkorrelationskoeffizient von Spearman gebildet:

$$r_s = \frac{\sum_i \left(R(x_i) - \overline{R(x)} \right) \cdot \left(R(y_i) - \overline{R(y)} \right)}{\sqrt{\sum_i \left(R(x_i) - \overline{R(x)} \right)^2} \sqrt{\sum_i \left(R(y_i) - \overline{R(y)} \right)^2}}$$

```
round(cor(quanti,method="spearman"),2)
##           Price MPG.city EngineSize Horsepower
## Price      1.00    -0.79       0.73       0.86
## MPG.city  -0.79     1.00      -0.82      -0.79
```

```
## EngineSize  0.73     -0.82        1.00        0.81
## Horsepower  0.86     -0.79        0.81        1.00
```

Der Rangkorrelationskoeffizient erkennt mit -0.79 im Vergleich zu -0.67 den monotonen aber nichtlinearen Zusammenhang zwischen MPG.city und Horsepower besser als der Bravais-Pearson'sche Korrelationskoeffizient.

Bei einigen Verfahren der Datenanalyse, die in den folgenden Kapiteln beschrieben werden, benötigt man Ähnlichkeitsmaße bzw. Distanzmaße, mit denen die Ähnlichkeiten von Objekten bzw. Unterschiede zwischen Objekten bewertet werden können.

So können mit der Clusteranalyse Objekte wie z. B. Personen oder auch Autos auf Basis von Ähnlichkeiten zu Gruppen (Clustern) zusammengefasst werden. Wird ein neues Automodell konzipiert, so könnte man auf Basis der Ähnlichkeiten mit vorhandenen Modellen die unmittelbaren Konkurrenten einschätzen.

Ähnlichkeiten werden auch in der Klassifikation benutzt. So wird beim *k-nearest-neighbour*-Verfahren einem neuen Objekt (z. B. einem neuen Bankkunden) eine Klassenzugehörigkeit (z. B. die Kreditwürdigkeit) auf Basis der Klassenzugehörigkeiten der k ähnlichsten Objekte prognostiziert.

4.1 Distanzmatrix

Wir betrachten zunächst wieder eine Datenmatrix mit n Objekten und p Merkmalen.

$$X = \begin{pmatrix} x_{11} & \cdots & x_{1p} \\ x_{21} & & x_{2p} \\ \vdots & \ddots & \vdots \\ x_{i1} & x_{ik} & x_{ip} \\ & & \ddots \\ x_{n1} & \cdots\cdots\cdots & x_{np} \end{pmatrix}, \quad x_{ik} : \text{Wert des } k\text{-ten Merkmals bei Objekt } i$$

Die Distanz zwischen je zwei Objekten i und j mit den Merkmalswerten $\mathbf{x}_i = (x_{i1}\ x_{i2}\ \ldots\ x_{ip})$ und $\mathbf{x}_j = (x_{j1}\ x_{j2}\ \ldots\ x_{jp})$ kann auf verschiedene Arten gemessen

© Springer Fachmedien Wiesbaden GmbH, ein Teil von Springer Nature 2020   43
M. von der Hude, *Predictive Analytics und Data Mining*,
https://doi.org/10.1007/978-3-658-30153-8_4

werden (s.u.). Allgemein bezeichen wir sie mit d_{ij}. Diese Distanzen werden in der Distanzmatrix D zusammengefasst, wobei wegen der Symmetrie eine Dreiecksmatrix ausreicht.

$$D = \begin{pmatrix} d_{11} & \cdots & & d_{1n} \\ d_{21} & & & d_{2n} \\ \vdots & \ddots & & \vdots \\ d_{i1} & & d_{ij} & d_{in} \\ & & & \ddots & \\ d_{n1} & \cdots\cdots\cdots & & d_{nn} \end{pmatrix} \quad \text{(symmetrisch)}$$

4.2   Distanzmaße für quantitative Merkmale

Wir betrachten hier nur zwei Distanzmaße, es gibt viele weitere.

1. **euklidische Distanz**

$$dij = \sqrt{\sum_{k=1}^{p}(x_{ik} - x_{jk})^2}$$

Beim euklidischen Abstand handelt es sich um eine Erweiterung des Satzes von Pythagoras, bei dem der Abstand zwischen Punkten in einem Kartesischen Koordinatensystem gemessen wird.

2. **Manhattan-Distanz (City-Block-Metrik)**

$$dij = \sum_{k=1}^{p} |x_{ik} - x_{jk}|$$

Bei der Manhattan-Distanz werden die Abstände bezüglich jedes Merkmals addiert. (In einer City wie Manhattan muss man „um den Block gehen".)

Wenn sich die Varianzen der Merkmale sehr stark voneinander unterscheiden, so dominiert ein Merkmal mit einer besonders großen Varianz die Distanzen sehr stark. Merkmale mit geringerer Varianz werden hingegen kaum berücksichtigt (s. Grafik 4.1, rechts).

Um dieses Ungleichgewicht zu vermeiden, sollten die Merkmale zunächst skaliert werden. Bei der euklidischen Distanz teilt man die Werte durch die Standardabweichung des jeweiligen Merkmals, bei der Manhattan-Distanz durch die Spannweite.

1.a **skalierte euklidische Distanz**

$$dij = \sqrt{\sum_{k=1}^{p}\left(\frac{x_{ik} - x_{jk}}{s_k}\right)^2}$$

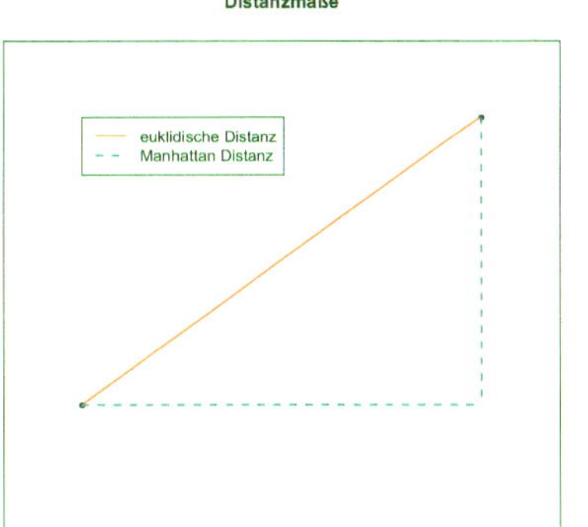

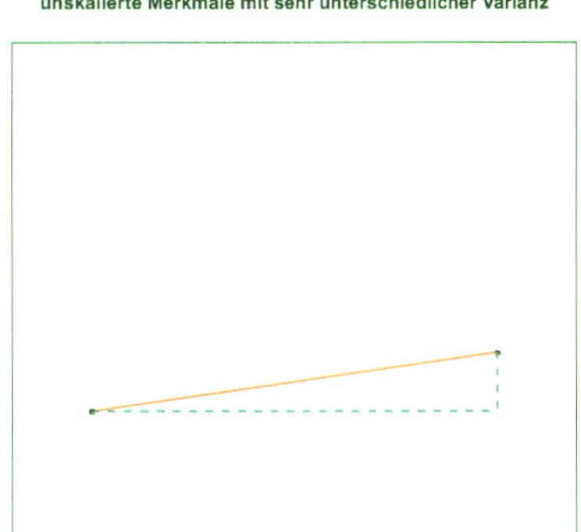

Abb. 4.1 unskalierte Distanzen

2.a skalierte Manhattan-Distanz

$$dij = \sum_{k=1}^{p} \frac{\left|x_{ik} - x_{jk}\right|}{R_k}, \; R_k \text{ ist Spannweite des Merkmals } k$$

Um dies zu verdeutlichen, betrachten wir die Datei Cars93. Sie enthält qualitative und quantitative Merkmale von 93 im Jahr 1993 in den USA verkauften Autos. Wir wählen zwei quantitative Merkmale (`EngineSize` und `Horsepower`) bei 10 zufällig ausgewählten Objekten (Autos) aus. Die Varianzen unterscheiden sich sehr stark:

   `var(Horsepower)=2176.93, var(EngineSize)=0.99`

   Wir vergleichen die Distanzmatrizen bei unskalierten und skalierten Merkmalen.

```
# zwei quantitative Variablen: EngineSize und Horsepower
# 10 Zeilennummern zufaellig auswaehlen:
> I.small = sample(1:93,10)
> quanti.small = Cars93[I.small,c(12,13)]
> rownames(quanti.small) = LETTERS[1:10]

> var(quanti.small)
           EngineSize Horsepower
EngineSize  0.9898889   41.99556
Horsepower 41.9955556 2176.93333
>
> D.quanti = dist(quanti.small)
> round(D.quanti,1)
      A     B     C     D     E     F     G     H     I
B  36.0
C  48.0  84.0
D  68.0  32.0 116.0
E  50.0  14.0  98.0  18.0
F  20.0  16.0  68.0  48.0  30.0
```

```
G  79.0  43.0 127.0  11.0  29.0  59.0
H  50.0  86.0   2.3 118.0 100.0  70.0 129.0
I  57.0  21.0 105.0  11.0   7.0  37.0  22.0 107.0
J  64.0  28.0 112.0   4.1  14.0  44.0  15.0 114.0   7.0
>

> D.quanti.scale = dist(scale(quanti.small))
> round(D.quanti.scale,1)
    A   B   C   D   E   F   G   H   I
B 1.8
C 1.0 2.5
D 2.4 0.7 3.2
E 1.6 0.5 2.5 0.8
F 1.3 0.5 2.0 1.2 0.6
G 2.3 0.9 3.2 0.4 0.7 1.3
H 1.6 3.4 1.1 4.0 3.2 2.8 3.9
I 2.0 0.5 2.8 0.4 0.4 0.9 0.5 3.6
J 1.8 0.8 2.7 0.8 0.3 0.9 0.6 3.4 0.5
```

Bei den unskalierten Merkmalen haben die Objekte *C* und *H* die kleinste Distanz, das Merkmal EngineSize spielt offensichtlich keine Rolle; bei den skalierten sind die Objekte *E* und *J* am ähnlichsten. Die Grafik 4.2 verdeutlicht dies. Hierbei sind die sehr unterschiedlichen Skalen der beiden Merkmale zu beachten.

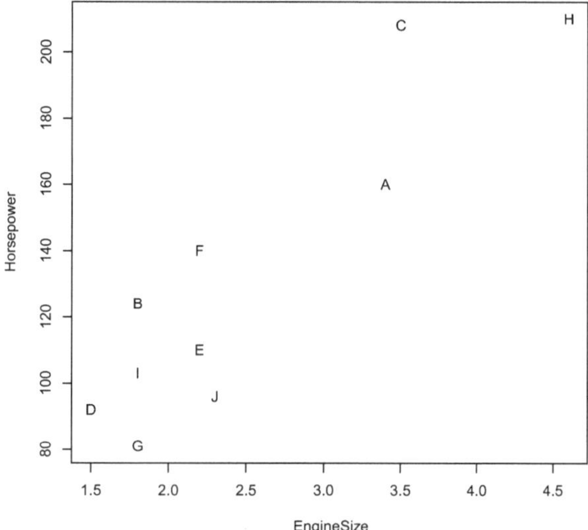

Abb. 4.2 zwei Merkmale mit sehr unterschiedlichen Streuungen

4.3   Distanzmaße für qualitative Merkmale

Besteht der Datensatz nur aus qualitativen Merkmalen, so wird gezählt, bei wievielen Merkmalen Übereinstimmung zwischen den Objekten besteht. Die Ähnlichkeit entspricht dem Anteil der übereinstimmenden Merkmale, die Distanz dem Anteil der Unterschiede.

$$d_{ij} = \frac{\text{Anzahl Merkmale mit Ungleichheit}}{\text{Anzahl Merkmale}}$$

Bei binären Merkmalen spricht man von asymmetrischen Merkmalen, falls das Vorhandensein einer Eigenschaft als Übereinstimmung gezählt wird, das Nichtvorhandensein jedoch nicht. So sind sich zwei Personen, die an derselben seltenen Krankheit leiden, bzgl. dieser Krankheit ähnlich, zwei Personen, die diese Krankheit nicht haben, werden hier jedoch nicht als ähnlich gewertet. Das Merkmal würde in diesem Fall bei diesen Personen bei der Distanz nicht mitgezählt.

Auch wenn fehlende Werte auftreten, werden die betroffenen Merkmale bei der Distanz nicht berücksichtigt.

4.4   Distanzen bei unterschiedlichen Messniveaus der Merkmale

Sind sowohl qualitative als auch quantitative Merkmale vorhanden, so wird meist der Gower-Koeffizient als Distanzmaß eingesetzt. In jeder Dimension $k = 1, \ldots, p$ wird die Distanz $d_{ij}^{(k)}$ getrennt berechnet und anschließend gemittelt.

$$d_{ij} = \frac{\sum_{k=1}^{p} \delta_{ij}^{(k)} d_{ij}^{(k)}}{\sum_{k=1}^{p} \delta_{ij}^{(k)}}$$

Hierbei ist $\delta_{ij}^{(k)} = 0$, falls ein asymmetrisches Merkmal nicht berücksichtigt wird, oder falls bei einem Merkmal ein fehlender Wert auftritt, sonst ist $\delta_{ij}^{(k)} = 1$.

Für die Distanzen in den einzelnen Dimensionen wählt man

- bei qualitativen Merkmalen:

$$d_{ij}^{(k)} = \begin{cases} 1 \, , \ x_{ik} \neq x_{jk} \\ 0 \, , \ x_{ik} = x_{jk} \end{cases}$$

- bei quantitativen Merkmalen:

$$d_{ij}^{(k)} = \frac{|x_{ik} - x_{jk}|}{\text{Spannweite von Merkmal } k}$$

Die Merkmale werden also standardisiert, so dass die Distanz mit der von qualitativen Merkmalen vergleichbar ist.

Aus der Datei Cars93 wählen wir jetzt vier quantitative und drei qualitative Merkmale aus und berechnen die Distanzen zwischen den Objekten.

```
> library(cluster) #enthaelt den Gower-Koeffizienten
> gemischt = Cars93[I.small,c(5,7,12,13,3,9,10)]
> D.gemischt = daisy(gemischt)
> round(D.gemischt,2)
Dissimilarities :
      91     8    80    30    20    36     7     1    12
8   0.54
80  0.70 0.96
30  0.40 0.46 0.85
20  0.39 0.47 0.77 0.08
36  0.52 0.45 0.67 0.56 0.50
7   0.36 0.26 0.84 0.22 0.21 0.38
1   0.34 0.74 0.36 0.49 0.41 0.59 0.47
12  0.38 0.78 0.47 0.53 0.45 0.63 0.51 0.21
17  0.43 0.56 0.55 0.57 0.53 0.24 0.52 0.48 0.52

Metric :  mixed ;  Types = I, I, I, I, N, N, N
Number of objects : 10
```

Im vorigen Kapitel wurden Distanzmaße eingeführt. Diese sollen nun dazu dienen, Objekte auf Basis ihrer Ähnlichkeiten zu Clustern zusammenzufassen. So könnte es beispielsweise für das Marketing interessant sein, verschiedene Kundengruppen zu identifizieren, um gezielt Werbung zu betreiben. In der Biomedizin werden Krankheiten oder Gene gruppiert, um gezielt Therapien zu entwickeln. Autos verschiedener Hersteller und Modelle können gruppiert werden; ein neues Modell kann anschließend der Datei hinzugefügt werden um die vergleichbaren Modelle und damit die unmittelbaren Konkurrenten zu identifizieren.

Bei der Clusteranalyse handelt es sich um ein Verfahren aus dem Bereich des nichtüberwachten Lernens. Es sollen Strukturen in den Daten erkannt werden. Es geht nicht darum – wie beim überwachten Lernen – den Wert eines Merkmals für ein Objekt vorherzusagen.

Bei den klassischen Clusterverfahren werden die Objekte in feste Cluster eingeteilt, die Zuordnung ist eindeutig. Demgegenüber gibt es beim Fuzzy-Clustering eine unscharfe Zuordnung, ein Objekt kann zu mehreren Clustern gehören. Das Dichte-basierte Clustern, ein neueres geometrisches Verfahren, schafft wiederum eine feste Zuordnung.

5.1 Einteilung der klassischen Clusteranalyseverfahren

Man unterscheidet zunächst zwei grundlegend verschiedene Verfahrensweisen der Clusteranalyse:

- **hierarchische Verfahren:**
  Hier wird entweder die Menge aller Objekte sukzessive in Teilmengen – die Cluster – unterteilt (divisives Verfahren) oder die Objekte werden sukzessive zu Clustern zusammengefasst (agglomeratives Verfahren). In beiden Fällen handelt es sich um ein hierarchisches Vorgehen.

© Springer Fachmedien Wiesbaden GmbH, ein Teil von Springer Nature 2020   49
M. von der Hude, *Predictive Analytics und Data Mining*,
https://doi.org/10.1007/978-3-658-30153-8_5

- **partitionierende Verfahren:**
  Die Menge aller Objekte wird zunächst nach dem Zufallsprinzip in Cluster aufgeteilt. Anschließend werden die Cluster iterativ „umorganisiert", bis homogene Cluster entstanden sind. Die „Umorganisation" erfolgt durch Verschiebung einzelner Objekte in andere Cluster (Details s. u.). Da die Clusterzugehörigkeiten der Objekte bei den Iterationen wechseln können, handelt es sich nicht um einen sukzessiven Auf- oder Abbau der Cluster, und damit nicht um ein hierarchisches Verfahren.
  Zu den partitionierenden Verfahren gehört auch das Fuzzy-Clustering. Hier werden Zugehörigkeitswerte der Objekte zu den Clustern bestimmt, wobei ein Objekt zu mehreren Clustern gehören kann. Die Zugehörigkeitswerte werden iterativ bestimmt, wodurch sich auch hier die Zugehörigkeiten sukzessive ändern.

5.2   Hierarchische Verfahren

5.2.1   Hierarchische agglomerative Verfahren

Bei den hierarchischen agglomerativen Verfahren werden sukzessive die Objekte zu Clustern und Cluster zu größeren Clustern zusammengefasst. Unterschiede zwischen den einzelnen Verfahren ergeben sich durch unterschiedliche Definitionen der Distanzen zwischen den Clustern, die generelle Vorgehensweise ist jedoch bei allen Verfahren identisch:

- Man startet mit n Clustern, wobei jedes einzelne Objekt ein Cluster bildet.
- Man stellt die Distanzmatrix D auf, bei numerischen Merkmalen wählt man z. B. die euklidischen Distanzen der Objekte.
- Die Cluster mit der jeweils kleinsten Distanz werden zusammengefasst und bilden ein gemeinsames Cluster.
- Dieser Schritt wird wiederholt bis eine vorgegebene Clusteranzahl erreicht ist, oder bis alle Cluster eine bestimmte Distanz zueinander überschreiten, die so groß ist, dass es nicht mehr sinnvoll ist, die Cluster weiter zusammenzufassen.

Die einzelnen Verschmelzungsschritte können durch ein Baumdiagramm, ein sogenanntes Dendrogramm (s. Grafik 5.1) dargestellt werden. Hier kann man ablesen, bei welcher Distanz die Cluster zusammengefasst werden. Ist die Distanz für einen Verschmelzungsschritt sehr groß im Vergleich zu den vorherigen Schritten, so sollte diese Verschmelzung nicht mehr erfolgen. Damit hat man die erforderliche Clusteranzahl gefunden.

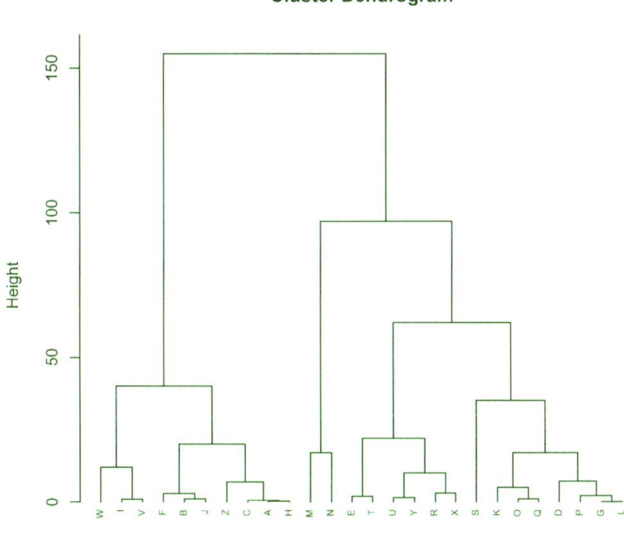

Abb. 5.1 Dendrogramm

5.2.1.1 Messung der Distanz zwischen Clustern

Es gibt verschiedene Maße für die Distanz zwischen Clustern. Alle Clusterdistanzen basieren auf Distanzen zwischen einzelnen Objekten. Eine Auswahl der Distanzmaße wird hier vorgestellt.

Single-linkage (minimum distance, nearest neighbour)

Beim Single-linkage-Verfahren ist die Distanz d_c zwischen zwei Clustern C_k und C_l definiert als **minimaler** Wert aller Distanzen zwischen den Objekten aus Cluster k und Cluster l.

$$d_c(C_k, C_l) = \min_{x_i \in C_k, x_j \in C_l} d(x_i, x_j)$$

Bei dieser Distanzmessung wird nur der minimale Abstand betrachtet, die restlichen Abstände können im Prinzip beliebig groß werden. Bei der Verschmelzung der Cluster kann es leicht zur Kettenbildung kommen.

In der Grafik 5.2 sind die Single-linkage-Distanzen zwischen den Clustern zu sehen. Wählt man dieses Kriterium, so haben die Cluster C_1 und C_3 den kleinsten Abstand. Im nächsten Schritt würden also C_1 und C_3 zusammengefasst.

Abb. 5.2 Distanzmaße für
Cluster: Single-linkage-
Distanzen

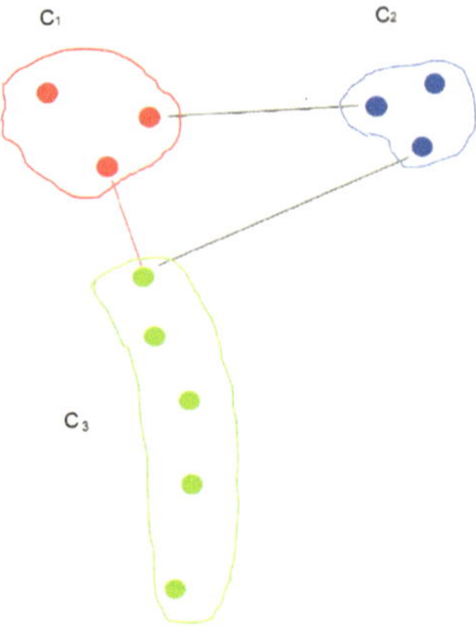

Complete-linkage (maximum distance, furthest neighbour)

Beim Complete-linkage-Verfahren ist die Distanz d_c zwischen zwei Clustern C_k und C_l definiert als **maximaler** Wert aller Distanzen zwischen den Objekten aus Cluster k und Cluster l.

$$d_c(C_k, C_l) = \max_{x_i \in C_k, x_j \in C_l} d(x_i, x_j)$$

Bei dieser Distanzmessung ist also gewährleistet, dass keine Distanz zwischen Objekten in C_k und C_l größer als dieser Wert ist. In der Grafik 5.3 sind die Complete-linkage-Distanzen zwischen den Clustern zu sehen. Wählt man dieses Kriterium, so haben die Cluster C_1 und C_2 den kleinsten Abstand. Im nächsten Schritt würden also C_1 und C_2 zusammengefasst.

Abb. 5.3 Distanzmaße für
Cluster: Complete-linkage
-Distanzen

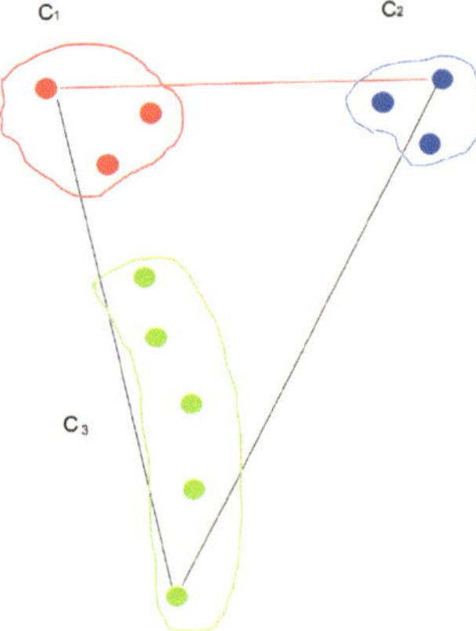

Average linkage

Beim Average-linkage-Verfahren ist die Distanz d_c zwischen zwei Clustern C_k und C_l definiert als **Mittelwert** aller Distanzen zwischen den Objekten aus Cluster k und Cluster l.

$$d_c(C_k, C_k) = \frac{1}{n_k \cdot n_l} \sum_{x_i \in C_k} \sum_{x_j \in C_l} d(x_i, x_j)$$

Dabei ist n_i die Anzahl der Elemente in Cluster i (Abb. 5.4).

Zentroid-Distanz

Bei der Zentroid-Distanz wird zunächst ein zentrales Objekt in jedem Cluster, das sogenannte Zentroid bestimmt, indem in jeder Dimension der arithmetische Mittelwert berechnet wird.

Bezeichnet man mit $\mathbf{x}_j$ den p – dimensionalen Vektor der Merkmalswerte eines Objekts, so ist das Zentroid des Clusters C_k gegeben durch

$$\bar{\mathbf{x}}_k = \frac{1}{n_k} \sum_{\mathbf{x}_j \in C_k} \mathbf{x}_j$$

Der Abstand zwischen den Clustern C_k und C_l ergibt sich z. B. durch den euklidischen Abstand der beiden Zentroide (Abb. 5.5):

$$d_c(C_k, C_l) = ||\bar{\mathbf{x}}_k - \bar{\mathbf{x}}_l|| = \sqrt{\sum_{i=1}^{p} (\bar{x}_{ki} - \bar{x}_{li})^2}$$

Bei diesem Verfahren ergibt sich ein Nachteil: Da die Zentroide nicht als Objekte in der Datenmatrix vorhanden sind, sind auch die Distanzen zwischen den Zentroiden nicht in der

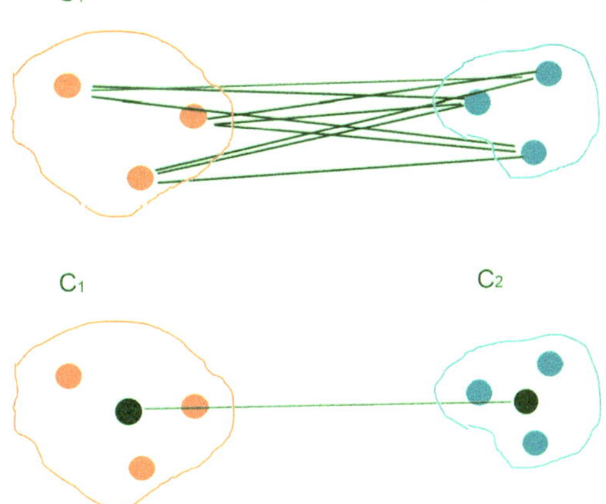

Abb. 5.4 Distanzmaße für Cluster: Average-linkage-Distanz als Mittelwert aller einzelnen Distanzen

Abb. 5.5 Distanzmaße für Cluster: Zentroid-Distanz

Distanzmatrix der Objekte enthalten. Sie müssen nach jedem Verschmelzungsschritt neu berechnet werden.

Umsetzung in R:

Um die Verfahren zu illustrieren, betrachten wir wieder die Merkmale *EngineSize* und *Horsepower* aus der Datei Cars93. Jetzt wählen wir 30 Autos zufällig aus.

Es werden die Ergebnisse der einzelnen Clusterverfahren für skalierte und unskalierte Daten erzeugt und dargestellt (Abb. 5.6).

```
library(MASS)
data(Cars93)

# Wir waehlen nur 30 Autos nach dem Zufallsprinzip aus.
set.seed(27) # Startwert des Zufallsgenerators festlegen
#                   (fuer reproduzierbare Zahlen)
I.small = sample(1:93,30) # 30 Zeilennummern zufaellig auswaehlen
```

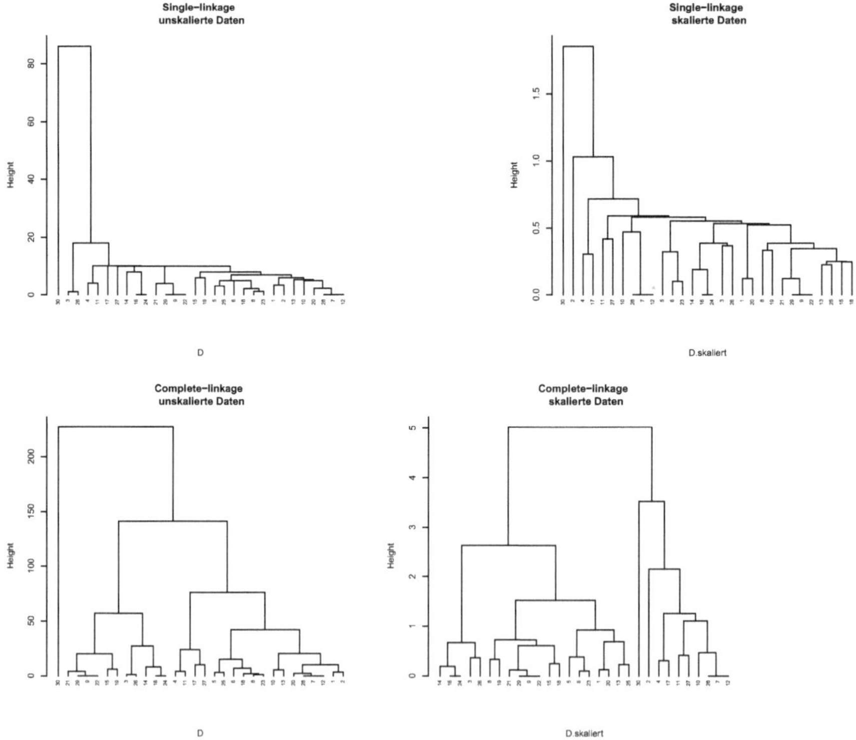

Abb. 5.6 Single-linkage- und Complete-linkage-Distanz, unskalierte und skalierte Daten

```
# zwei quantitative Variablen: EngineSize und Horsepower
quanti.small = Cars93[I.small,c(12,13)]

# Zeilennummern fuer die Grafik
rownames(quanti.small) = 1:30

# Distanzmatrix
D = dist(quanti.small)
#
# Untersuchung der Varianzen
var(quanti.small)
# Varianzen sehr unterschiedlich ==> Variablen skalieren
D.skaliert = dist(scale(quanti.small))

# hierarchisches Clustern
# -------------------------------------------
# 1) single linkage
sl = hclust(D,method="single")
plot(sl,hang=-0.5,cex=0.6,
     main="Single-linkage \n unskalierte Daten",sub="")

sl.skal = hclust(D.skaliert,method="single")
plot(sl.skal,hang=-0.5,cex=0.6,
     main="Single-linkage \n skalierte Daten",sub="")
# -------------------------------------------
# 2) complete linkage
cl = hclust(D,method="complete")
plot(cl,hang=-0.5,cex=0.6,
     main="Complete-linkage \n unskalierte Daten",sub="")

cl.skal = hclust(D.skaliert,method="complete")
plot(cl.skal,hang=-0.5,cex=0.6,
     main="Complete-linkage \n skalierte Daten",sub="")
# -------------------------------------------
# 3) average linkage
al = hclust(D,method="average")
plot(al,hang=-0.5,cex=0.6,
     main="Average-linkage \n unskalierte Daten",sub="")

al.skal = hclust(D.skaliert,method="average")
plot(al.skal,hang=-0.5,cex=0.6,
     main="Average-linkage \n skalierte Daten",sub="")
# -------------------------------------------
# 4) centroid linkage
ctl = hclust(D,method="centroid")
plot(ctl,hang=-0.5,cex=0.6,
     main="Centroid-linkage \n unskalierte Daten",sub="")

ctl.skal = hclust(D.skaliert,method="centroid")
```

```
plot(ctl.skal,hang=-0.5,cex=0.6,
     main="Centroid-linkage \n skalierte Daten",sub="")
#-------------------------------------------
# Bei p = 2 Dimensionen kann man die Daten
#    einfach in einem Streudiagramm darstellen.
# Die Farbe gibt die Clusterzugeh\"{o}rigkeit nach dem
#    Centroid-Verfahren f\"{u}r die skalierten Daten wieder.
clus.nr = cutree(cl.skal,k=2) # Einteilung in zwei Cluster
plot(quanti.small,type="n",
  main="Streudiagramm mit Clustereinteilung")
text(quanti.small,rownames(quanti.small),col=clus.nr)
```

Die Daten weisen keine deutliche Clusterstruktur auf. Die Dendrogramme des Single-Linkage-Verfahrens zeigen eine Kettenbildung, es wird keine Struktur erkannt (Abb. 5.6, links). Die anderen Verfahren lassen im Prinzip eine Zwei-Cluster-Einteilung erkennen, wobei Objekt Nummer 30 mit Ausnahme des Complete-Linkage-Verfahrens nach Skalierung der Daten als zusätzliches eigenes Cluster erhalten bleibt (Abb. 5.6 rechts, Abb. 5.7 und 5.8).

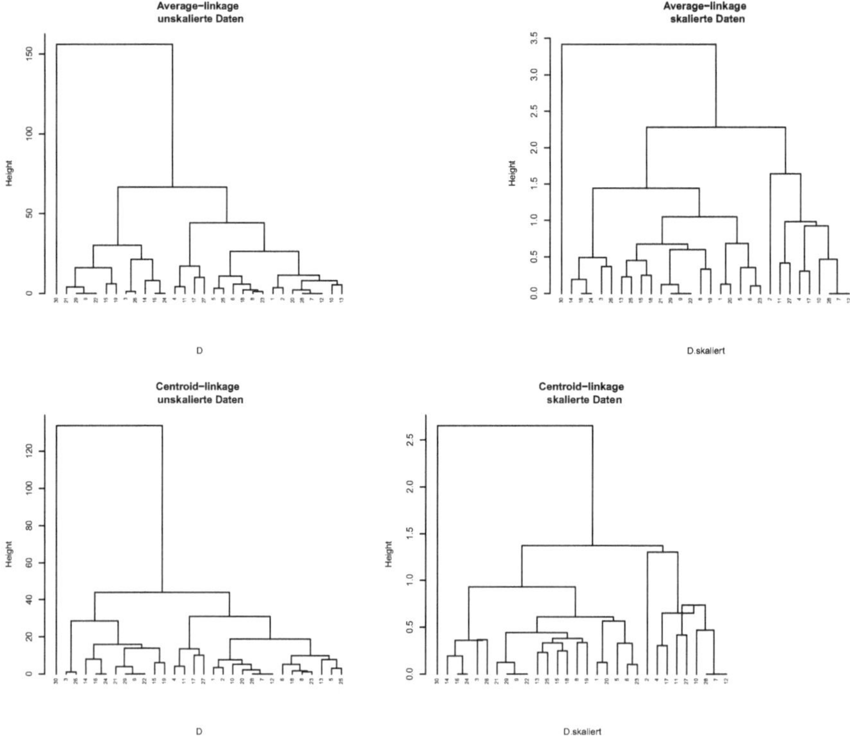

Abb. 5.7 Average-linkage und Centroid-linkage unskalierte und skalierte Daten

Abb. 5.8 Streudiagramm der
30 Objekte mit
Clusterzugehörigkeit

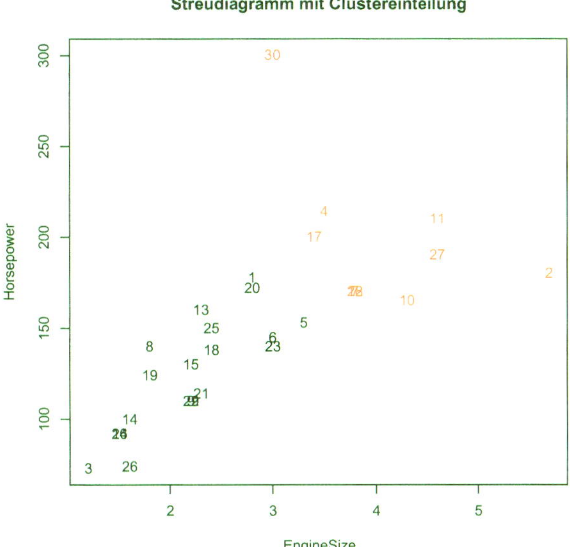

5.2.2   Hierarchisches divisives Verfahren

Falls von vornherein klar ist, dass nur eine kleine Anzahl von Clustern zu bilden ist, so kann ein Top-down-Verfahren von Vorteil sein. Hierbei startet man mit der gesamten Datei als einem Cluster C_0 und erstellt sukzessive eine Unterteilung in kleinere Cluster.

Die Vorgehensweise:

- Man wählt das Objekt in C_0, das von allen anderen im Durchschnitt am weitesten entfernt ist.
  Dieses Objekt ist das erste Mitglied eines neuen Clusters C_1.
- In einer Schleife bildet man für alle restlichen Objekte in C_0 folgende Differenz:
  durchschnittliche Entfernung von allen Objekten in $C_0 -$
  durchschnittliche Entfernung von allen Objekten in C_1
  Ist die Differenz positiv, so liegt das Objekt dichter bei Objekten in C_1 und wird zu C_1 hinzugefügt ansonsten bleibt es in C_0.
- Die Schleife wird solange durchlaufen, bis keine positive Differenz mehr auftritt.
- Auf dieselbe Art wird anschließend das jeweils größte Cluster gesplittet. Für die Größenmessung kann z. B. der maximale Abstand zwischen jeweils zwei Objekten als eine Art Durchmesser benutzt werden.

5.3 Partitionierende Verfahren

Bei den partitionierenden Verfahren wird eine feste Anzahl von Clustern vorgegeben. Die Menge aller Objekte wird zunächst nach dem Zufallsprinzip in Cluster aufgeteilt. Anschließend werden die Objekte so lange zwischen den Clustern verschoben, bis homogene Cluster entstanden sind.

Hierzu gibt es viele Verfahren, hier werden nur zwei vorgestellt:

5.3.1 K-means und K-Medoid-Verfahren

Beim K-means Verfahren geht man wie folgt vor.

1. Man gibt die Anzahl K der Cluster vor.
2. Initialisierung: Man wählt zufällig K Startobjekte als Clusterzentren aus der Datei aus.
3. (Neu-) Zuordnung: Jetzt wird jedes Objekt dem ihm am nächsten liegenden Clusterzentrum zugeordnet, bei quantitativen Merkmalen z. B. mit Hilfe der euklidischen Distanz. Falls sich die Zuordnung der Objekte nicht mehr ändert, ist die beste Lösung gefunden und der Algorithmus stoppt.
4. Neuberechnung: Anschließend wird für jedes Cluster das Clusterzentrum neu berechnet, bei quantitativen Merkmalen durch Mittelwertbildung in jeder Dimension.
5. Es geht weiter mit Schritt 3.

In den Grafiken 5.9 ist durch Pfeile markiert, welche Objekte ihre Clusterzugehörigkeit verändern.

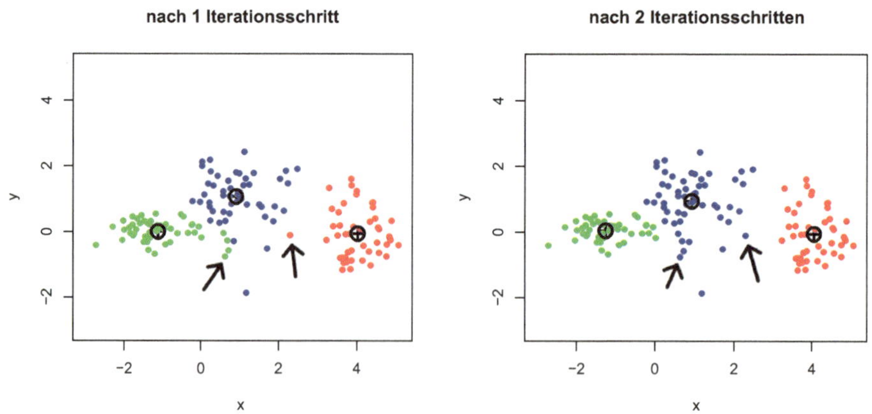

Abb. 5.9 Änderung der Clusterzugehörigkeit im Lauf der Iteration

Ein Nachteil des K-means-Verfahrens besteht darin, dass die Distanzen zu den Clusterzentren stets neu berechnet werden müssen, da diese keine Objekte aus der Datenmatrix
sind, und die Distanzen daher nicht in der Distanzmatrix gespeichert sind.

Einen Ausweg bietet z. B. das K-Medoid-Verfahren, bei dem als neues Clusterzentrum
das Objekt gewählt wird, das die Summe der Distanzen zu allen anderen Objekten im Cluster
minimiert, das sogenannte Medoid.

Diese Vorgehensweise ist auch geeignet, wenn die Objekte nur durch ihre Distanzen
zueinander beschrieben sind.

5.3.2 Beurteilung der Clusterlösung – Wieviel Cluster sollten gebildet werden

Bei den hierarchischen Verfahren kann man am Dendrogramm erkennen, wieviel Cluster
gebildet werden sollten. Bei den partitionierenden Verfahren muss man die beste Clusteranzahl auf anderem Wege beurteilen, z. B. mit der Within-Cluster-Sums-of-Squares-Methode.

5.3.2.1 Summe der *Within-Cluster-Sums-of-Squares*

Bei der Within-Cluster-Sums-of-Squares-Methode wird für verschiedene Clusteranzahlen
K der Clusteralgorithmus – z. B. K-means – gestartet. Für jedes K wird anschließend in
jedem Cluster die Summe der quadrierten Abweichungen vom Clusterzentrum gebildet,
diese K Summen werden wiederum summiert (Abb. 5.11 und 5.13).

Mit zunehmender Clusteranzahl K wird diese Gesamtsumme $S(K)$ immer kleiner. Wenn
die Daten eine Clusterstruktur haben, sollte sich von einem bestimmten K an kaum noch
eine Veränderung zeigen. Dann ist eine Vergrößerung von K nicht mehr sinnvoll.

In den Grafiken 5.10 und 5.11 ist ersichtlich, dass $K = 3$ die beste Clusteranzahl ist.
Bei zweidimensionalen Daten ist das selbstverständlich auch unmittelbar aus dem Streudiagramm ersichtlich, bei höher dimensionalen Daten jedoch nicht.

Beim $K-$means-Verfahren hängt die Clusterlösung stark von der anfänglichen Wahl der
Startpunkte ab. Man sollte den Algorithmus mehrfach starten und die Ergebnisse vergleichen.
Erst wenn sich auch bei mehrfachem Durchlauf kein deutliches Ergebnis für den Wert K
zeigt, so deutet das darauf hin, dass die Daten keine Clusterstruktur haben.

Die Grafik 5.12 zeigt einen Fall, bei dem die Startpunkte für $K = 3$ so ungünstig liegen,
dass die Struktur nicht gefunden wird. Aus der Within-Cluster-Sums-of-Squares-Grafik
würde man auf $K = 4$ als beste Clusteranzahl schließen (Abb. 5.13).

Eine Alternative zur Beurteilung der Wahl von K bietet die Silhouetten-Methode. Dabei
wird für jedes einzelne Objekt eine Maßzahl – der sogenannte Silhouettenwert – ermittelt,
die angibt, wie stark die Bindung eines Objektes an seine Klasse ist (Details s. Handl 2004).

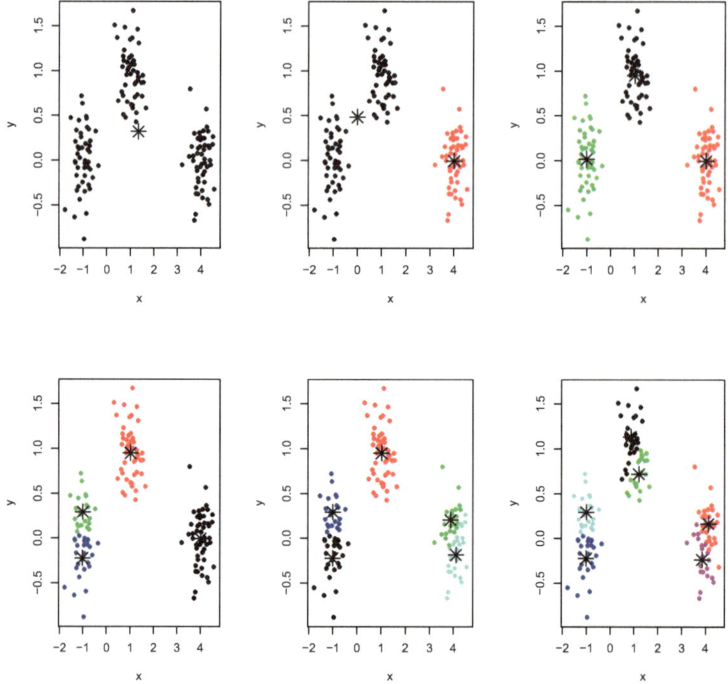

Abb. 5.10 Einteilung von Daten in ein bis sechs Cluster

Abb. 5.11 Summe der inneren
Abweichungsquadrate in allen
Clustern

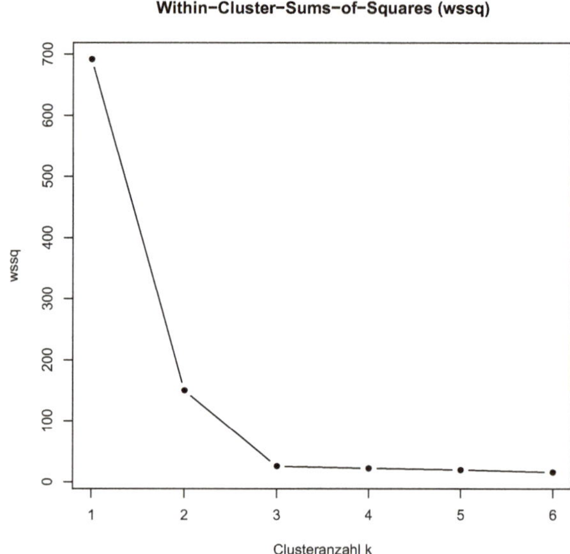

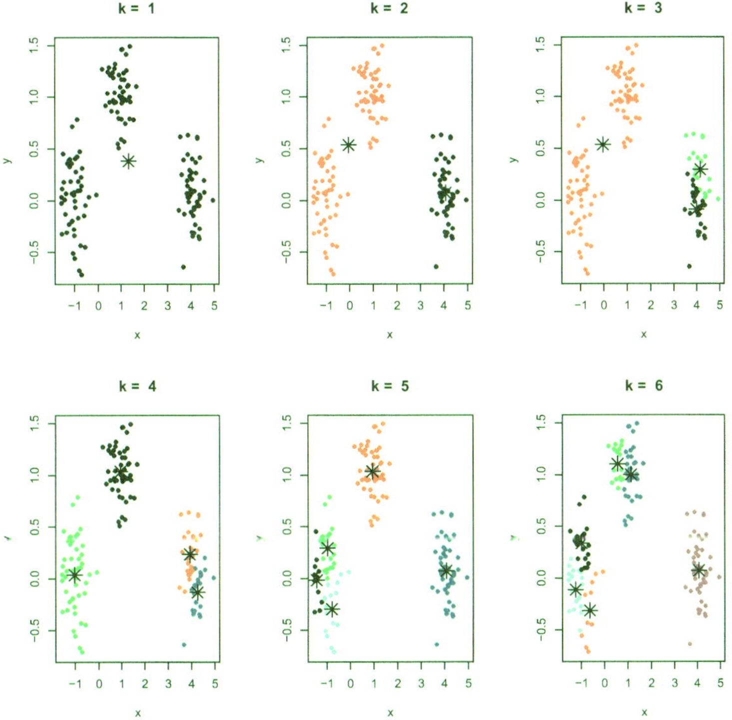

Abb. 5.12 Einteilung von Daten in ein bis sechs Cluster – ungünstige Startpunkte bei $K = 3$

Abb. 5.13 Summe der inneren Abweichungsquadrate in allen Clustern

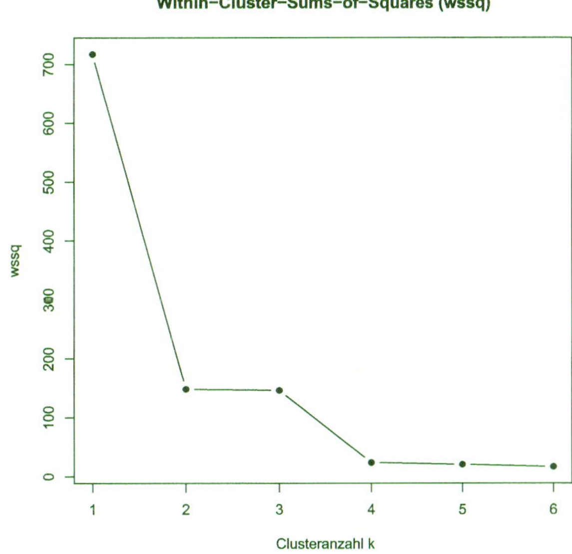

5.3.3 Fuzzy-Clustern

Beim Fuzzy-Cluster-Verfahren handelt es sich um ein weiteres partitionierendes Verfahren, bei dem ebenfalls die Anzahl der zu bildenden Cluster vorgegeben wird. Es erfolgt nur eine unscharfe (*fuzzy*) Zuordnung der Objekte zu Clustern, die durch Zugehörigkeitswerte u_{ik}, $i = 1, \ldots, n$, $k = 1, \ldots, K$ beschrieben wird. Dabei bezeichnet u_{ik} den Zugehörigkeitswert von Objekt i zum Cluster k, n die Anzahl der Objekte und K die Anzahl der Cluster.

Die Werte u_{ik} sollen folgende Bedingungen erfüllen

$$u_{ik} \geq 0, \quad i = 1, \ldots, n, \quad k = 1, \ldots, K$$

$$\sum_{k=1}^{K} u_{ik} = 1, \quad i = 1, \ldots, n$$

Die Summe der Zugehörigkeitswerte von Objekt i zu allen Clustern soll also den Wert 1 haben. Die Zugehörigkeitswerte könnten daher als Zugehörigkeitswahrscheinlichkeiten interpretiert werden.

Die Zugehörigkeitswerte werden iterativ bestimmt. Im Endergebnis erhält man eine Zugehörigkeitsmatrix

$$U = \begin{pmatrix} u_{11} & \cdots & u_{1K} \\ \vdots & \ddots & \vdots \\ u_{n1} & \cdots & u_{nK} \end{pmatrix}$$

Die Werte u_{ik} sollen so bestimmt werden, dass die folgende Summe minimal wird:

$$\sum_{i=1}^{n} \sum_{k=1}^{K} u_{ik}^{m} \left\| \mathbf{x_i} - \mathbf{c_k} \right\|^2, \, m > 1$$

Hierbei bezeichnet
$\mathbf{x_i}$ den Vektor der Mermalswerte von Objekt i,
$\mathbf{c_k}$ das Zentrum von Cluster k und
$\left\| \mathbf{x_i} - \mathbf{c_j} \right\|^2$ den quadrierten Abstand (z. B. den euklidischen Abstand) zwischen $\mathbf{x_i}$ und $\mathbf{c_k}$.

Es sollen also im Prinzip wieder die Abstände innerhalb der Cluster möglichst klein sein, wobei zwei Besonderheiten zu beachten sind:

1. Bei der Berechnung der Clusterzentren $\mathbf{c_k}$ durch Mittelwerte in jeder Dimension werden die Zugehörigkeitswerte u_{ik} aller Objekte als Gewichte benutzt:

$$\mathbf{c_k} = \frac{\sum_{i=1}^{n} u_{ik}^{m} \mathbf{x_i}}{\sum_{i=1}^{n} u_{ik}^{m}}$$

2. Auch die quadrierten Abstände werden mit den u_{ik} gewichtet:

$$u_{ik}^{m}\,\|\mathbf{x_i} - \mathbf{c_k}\|^2$$

3. Der Exponent m steuert die Präferenz der Zuordnung:
   - Ein kleiner Wert m ($m \approx 1.1$) führt zu einer klareren Zuordnung mit einem möglichst hohen Zugehörigkeitswert für ein bestimmtes Cluster für jedes Objekt.
   - Je größer m gewählt wird, umso größer wird die Unschärfe *(fuzziness)*, wobei im Extremfall für alle Objekte $u_{ik} = 1/K$ gilt, d.h. dass zu jedem Cluster derselbe Zugehörigkeitswert besteht.

Die Iteration

Zur Minimierung der Summe

$$\sum_{i=1}^{n}\sum_{k=1}^{K} u_{ik}^{m}\,\|\mathbf{x_i} - \mathbf{c_k}\|^2 \,,\, m > 1$$

wird ein iterativer Algorithmus angewendet, der auf der Methode des steilsten Abstiegs – dem Gradientenabstiegsverfahren – basiert; d.h. es kommen bei den Iterationsformeln partielle Ableitungen der zu minimierenden Summe zum Einsatz. Auf Details wird hier verzichtet.

1. Die Matrix U der Zugehörigkeitswerte u_{ik} wird unter Beachtung der Restriktionen zufällig initialisiert.
2. Die Clusterzentren werden (neu) berechnet:

$$\mathbf{c_j} = \frac{\sum_{i=1}^{n} u_{ij}^{m}\,\mathbf{x_i}}{\sum_{i=1}^{n} u_{ij}^{m}}, j = 1, \ldots, K$$

3. Die Zugehörigkeitswerte werden upgedatet:

$$u_{ij} = \frac{1}{\sum_{k=1}^{K}\left(\frac{\|\mathbf{x_i}-\mathbf{c_j}\|}{\|\mathbf{x_i}-\mathbf{c_k}\|}\right)^{\frac{2}{m-1}}}$$

   Aus dieser Formel ist zu erkennen: Je kleiner der Abstand zwischen $\mathbf{x_i}$ und $\mathbf{c_j}$ ist, umso größer wird der Zugehörigkeitswert u_{ij}.
4. Man vergleicht die Zugehörigkeitswerte des aktuellen Iterationsschrittes s mit denen des vorherigen Schrittes $s - 1$ und betrachtet den maximalen Unterschied

$$g = \max_{ij}\left\{\left|u_{ij}^{(s)} - u_{ij}^{(s-1)}\right|\right\}.$$

- Die Iteration wird abgebrochen, falls eine vorgegebene Schranke ε unterschritten wird, falls also gilt $g < \varepsilon$,
- sonst geht es weiter mit Schritt 2.

Da der Algorithmus nicht immer zu einem Minimum führt, sollte er mehrfach mit verschiedenen Initialisierungen der Zugehörigkeitswerte gestartet werden.

Abschließend kann die sogenannte Fuzziness – also der Grad der Unschärfe – z. B. mit Hilfe des Koeffizienten von Dunn F_K bewertet werden:

$$F_K = \sum_{i=1}^{n} \sum_{k=1}^{K} \frac{u_{ik}^2}{n}, \quad F_K \in \left[\frac{1}{K}, 1\right]$$

Hierbei bedeuten

- $F_K = 1$ eine klare Zuordnung, da dieser Wert nur erreicht werden kann, wenn jedes Objekt bei genau einem Cluster den Zugehörigkeitswert 1, bei allen anderen Clustern jedoch den Wert 0 hat,
- $F_K = 1/K$ komplette Unschärfe, da bei jedem Objekt der Zugehörigkeitswert zu allen K Clustern gleich groß ist.

Die R-library `cluster` stellt die Funktion `fanny` für das Fuzzy-Clustern zur Verfügung. Wir führen die Analysen mit der Teilmenge der 30 Autos und zwei Merkmalen aus der Datei `Cars93` durch. Die linke Spalte enthält die Zuordnungen für $m = 1.1$. Es gibt nur wenige Zuordnungswerte, die von 0 % bzw. 100 % abweichen, die Werte sind allerdings gerundet. In der rechten Spalte mit $m = 2$ gibt es deutlich größere Unschärfen. Dies zeigen auch die Koeffizienten von Dunn.

```
fanny(quanti.small,              fanny(quanti.small,
  k=2,memb.exp = 1.1)             k=2,memb.exp=2)
  # memb.exp = m
Membership coefficients (in %, rounded):
    [,1] [,2]                      [,1] [,2]
1    100    0                        91    9
2    100    0                        90   10
3      0  100                        22   78
4    100    0                        76   24
5    100    0                        70   30
6     15   85                        54   46
7    100    0                        92    8
8      0  100                        44   56
9      0  100                         8   92
10   100    0                        87   13
11   100    0                        77   23
12   100    0                        92    8
```

```
13  100     0                          81    19
14    0   100                          11    89
15    0   100                          27    73
16    0   100                          14    86
17  100     0                          81    19
18    0   100                          41    59
19    0   100                          19    81
20  100     0                          92     8
21    0   100                          10    90
22    0   100                           8    92
23    0   100                          45    55
24    0   100                          14    86
25   95     5                          64    36
26    0   100                          22    78
27  100     0                          86    14
28  100     0                          92     8
29    0   100                           8    92
30  100     0                          61    39

               Fuzzyness coefficients:
dunn_coeff normalized          dunn_coeff normalized
0.987206   0.974412            0.7081644  0.4163288
```

5.4 **Dichte-basiertes Clustern**

Beim Dichte-basierten Clustern geht es darum, Regionen, in denen viele Objekte aufgrund ihrer Ähnlichkeiten sehr dicht beieinander liegen, durch geometrische Eigenschaften zu charakterisieren und zu Clustern zusammenzufassen.

Hierzu definiert man Nachbarschaften von Objekten, die hier im folgenden einfach als Punkte bezeichnet werden.

Im Detail definiert man die folgenden Eigenschaften:

1. **ε-Nachbarschaft**

   Zu einem vorgegebenen Wert ε ist die **ε-Nachbarschaft** eines Punktes A die Menge aller Punkte, deren Distanz zu A höchstens ε ist. Wählt man die euklidische Distanz, so erhält man in der zweidimensionalen Darstellung einen Kreis um A mit dem Radius ε.

   Damit ein Punkt zu einem Cluster gehören kann, braucht er mindestens einen anderen Punkt, der in seiner ε-Nachbarschaft liegt.

2. **Kern- und Randpunkte**

   In der ε-Nachbarschaft eines Kernpunktes muss eine vorher festgelegte Minimalanzahl $MinPts$ von Punkten liegen. Ist diese Anzahl nicht gegeben, so handelt es sich um einen Randpunkt (Abb. 5.14).

Abb. 5.14 Dichtebasiertes Clustern, Kern- und Randpunkte

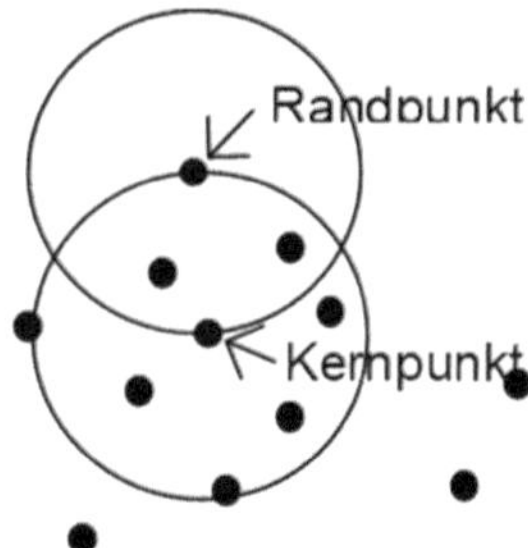

Für die Beispielgrafiken wird $MinPts = 5$ festgelegt.

Die ε-Nachbarschaft eines Randpunktes enthält in der Regel weniger Punkte als die ε-Nachbarschaft eines Kernpunktes.

3. **Direkte-Dichte-Erreichbarkeit** (direct density reachability)

   Ein Punkt A heißt direkt-Dichte-erreichbar von einem Punkt B, falls

   − A in der Nachbarschaft von B liegt und

   − B ein Kernpunkt ist.

   In der Grafik 5.15 links ist A von B direkt Dichte-erreichbar, B jedoch nicht von A, da A kein Kernpunkt ist.

4. **Dichte-Erreichbarkeit** (density reachability)

   Ein Punkt A heißt Dichte-erreichbar von einem Punkt B, falls es eine Menge von Kernpunkten P_i gibt, die von A nach B führen im (Sinne der direkten Dichte-Erreichbarkeit). A muss also von P_1 direkt erreichbar sein, P_1 von $P_2 \ldots$ und P_n von B.

   In der Grafik 5.15 rechts ist A von B Dichte-erreichbar, B jedoch nicht von A, da A kein Kernpunkt ist.

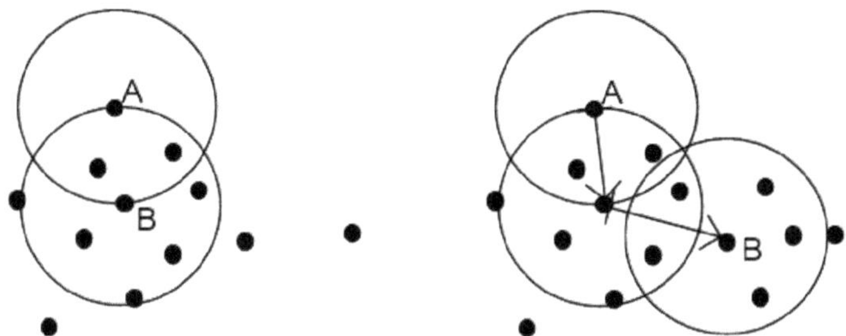

Abb. 5.15 Dichtebasiertes Clustern, links: direkt-dichte-erreichbare Punkte, rechts: dichte-erreichbare Punkte

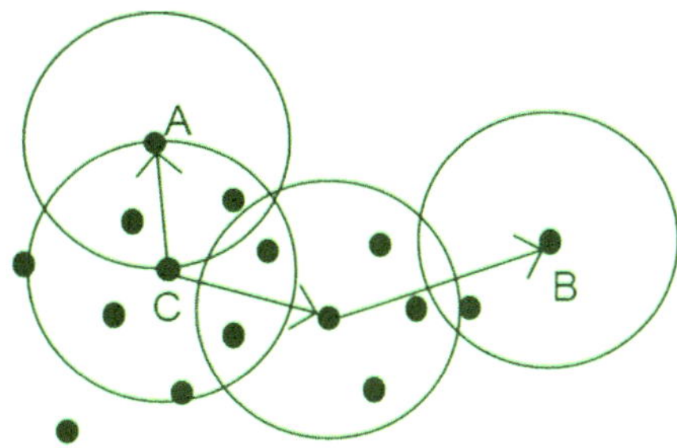

Abb. 5.16 Dichtebasiertes Clustern, dichte-verbundene Punkte

5. **Dichte-Verbindung** (density connection)

   Zwei Punkte A und B heißen Dichte-verbunden, falls es einen Punkt C gibt, so dass A und B von C Dichte-erreichbar sind.

   A und B können z. B. Randpunkte sein, die von einem gemeinsamen Kernpunkt C aus erreichbar sind (Abb. 5.16).

6. **Dichte-basiertes Cluster**

   Ein Dichte-basiertes Cluster ist eine Menge von Dichte-verbundenen Punkten.

Der Algorithmus:

- Man bestimmt zu jedem Punkt alle Punkte innerhalb seiner ε-Nachbarschaft.
- Jeder Punkt, der mindestens *minPts* Punkte in seiner ε-Nachbarschaft hat, wird als Kernpunkt markiert, sonst wird er nur als „besucht" markiert.
- Für jeden Kernpunkt KP, der noch nicht zu einem Cluster gehört, wird ein neues Cluster gebildet.

  Anschließend werden alle mit KP Dichte-verbundenen Punkte demselben Cluster zugeordnet[1].
- Alle noch nicht besuchten Punkte werden genauso behandelt.
- Die Punkte, die keinem Cluster zugeordnet werden können, werden als „Ausreißer" oder „noise" bezeichnet.

Bei diesem Verfahren wird die Anzahl der Cluster wird nicht vorher angegeben.

---

[1]Es kann gezeigt werden, dass ein Cluster von jedem seiner Kernpunkte aus gebildet werden kann, d. h. jeder Kernpunkt führt zu demselben Cluster.

R-Datei:

```
# Wir erzeugen zunächst einen Datensatz oder lesen ihn ein.
#
D = read.table("D.txt",header=TRUE)

plot(D,pch=20,main="Punkteplot")
grid()
```

Wir laden die libraries `dbscan` und `fpc`

```
library(dbscan)
library(fpc)

##
## Attaching package: 'fpc'
```

Um die in Abb. 5.17 dargestellten Punkte zu clustern, starten wir den Algorithmus `dbscan`. Der Default-Wert für die Minimalanzahl von Punkten, die in einer ε-Umgebung liegen sollen, ist auf minPts = 5 gesetzt. Diesen Wert behalten wir bei.

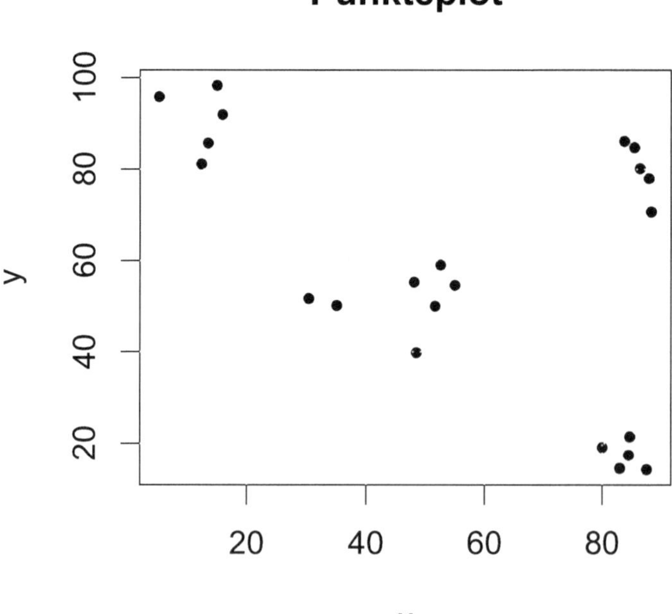

Abb. 5.17 Punkteplot

Den Parameter eps für die ε-Umgebung setzen wir zunächst beliebig und probieren es mit $\varepsilon = 10$:

```
eps = 10
d = fpc::dbscan(D,eps=eps,showplot = 1);
title(paste("eps = ",eps))
# Die letzte Grafik bekommt die Überschrift.
#
# Es werden mehrere Plots erzeugt für die Iterationen.
# Einzelpunkte sind schwarz, Clusterpunkte farbig ,
# und zwar Randpunkte rund und Kernpunkte als Dreieck
# dargestellt.
```

Hier sind nur wenige Punkte zu zwei Clustern zusammengefasst, die restlichen bleiben als Einzelpunkte übrig (Abb. 5.18).

Die Grafik zeigt uns gut voneinander abgegrenzte Cluster, wobei jedoch mit einem ε von 10 nicht mindestens 5 Punkte zusammenkommen. Hierfür sollte $\varepsilon = 20$ gewählt werden (Abb. 5.19).

```
eps = 20
d = fpc::dbscan(D,eps=eps,MinPts=5,showplot = 1)
title(paste("eps = ",eps))
#
```

Jetzt werden alle Cluster erkannt.

Der Wert ε kann allerdings nicht visuell bestimmt werden, wenn die Daten mehr als 2-dimensional sind.

Allgemein wird die folgende Vorgehensweise empfohlen:

Wir suchen zu jedem Punkt die k nächsten Nachbarn und speichern deren Distanzen zum gewählten Punkt.

k wird oft als p+1 gewählt (Dimension der Daten +1)

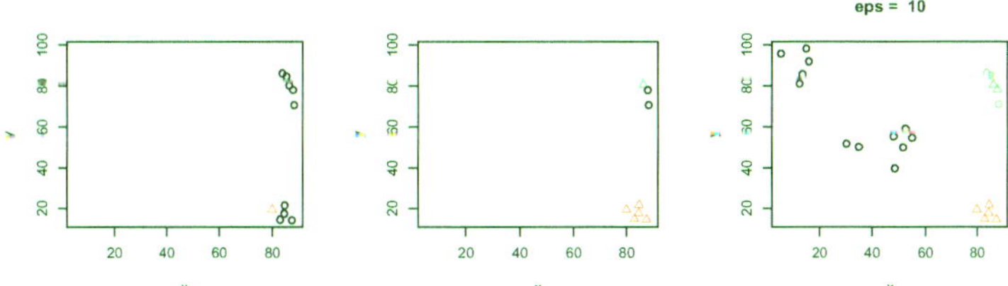

Abb. 5.18 Dichtebasiertes Clustern, Iterationen, $\varepsilon = 10$

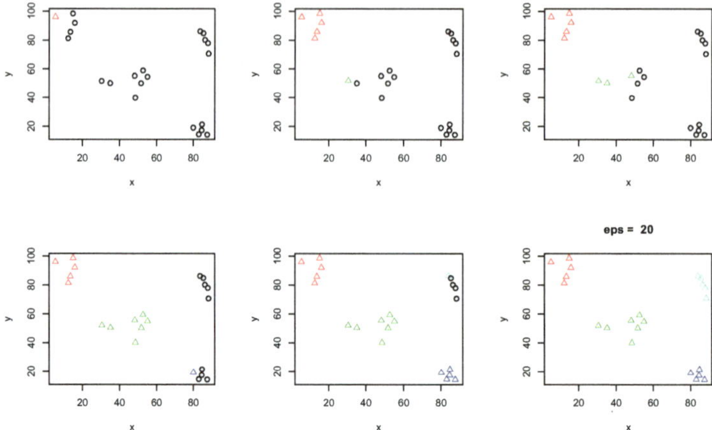

Abb. 5.19 Dichtebasiertes Clustern, Iterationen, $\varepsilon = 20$

```
dm = kNNdist(D, k = 3) # in package dbscan
# dm ist eine n x k - Matrix
# (n Objekte mit jeweils k Nachbarn).
```

Die Distanzen werden sortiert und auf der y-Achse abgetragen. Die x-Achse enthält automatisch den Index, also den Rang der Distanz (Abb. 5.20).

```
plot(sort(dm),type="l",ylab="Distanzen der k nächsten Nachbarn")
title("k=3 nächste Nachbarn")
grid() # Gitternetz
abline(h=17)
```

```
# Es gibt natürlich auch eine Funktion, die all diese Schritte
# durchführt:
# kNNdistplot(D, k = 3)
# Da die Grafik genauso aussieht, geben wir sie hier nicht aus.
```

Jetzt versucht man, in der Grafik ein „Knie" zu finden; das ist eine Stelle, an der die Kurve steil ansteigt, also ein Sprung bei den Distanzen erfolgt. Dies deutet auf das Überwinden von Clustergrenzen hin. Hier wäre ein möglicher Wert für ε gefunden. Im Beispiel ist nach $\varepsilon = 17$ ein deutlicher Anstieg zu erkennen. Ein Blick auf das Streudiagramm der Punkte bestätigt dies.

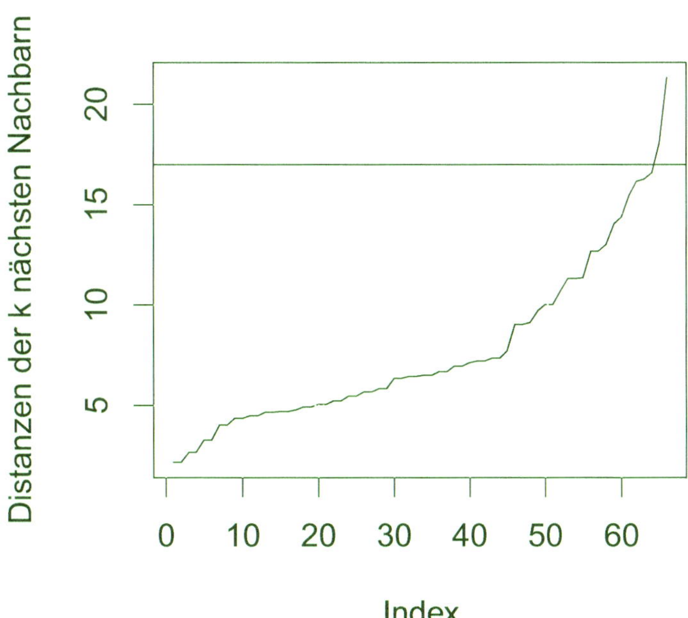

Abb. 5.20 Distanzen der jeweils 3 nächsten Nachbarn

```
eps = 17
d = fpc::dbscan(D,eps=eps,showplot = 1)
title(paste("eps = ",eps))
```

Man erhält dieselbe Clusterlösung wie bei eps = 20, mit dem Unterschied, dass mehr Punkte
als Randpunkte dargestellt werden (Abb. 5.21).

Die Clusternummer kann ausgegeben oder auch dem Dataframe hinzugefügt werden.

```
cluster = d$cluster # Clusterzugehörigkeit, 0 heißt Einzelpunkt

cluster
##   [1] 1 1 1 1 1 2 2 2 2 2 2 2 3 3 3 3 3 4 4 4 4 4
```

Vergleich der Verfahren dbscan, K-means und der hierarchischen Verfahren
Vergleich bei Daten, die nach geometrischen Mustern angeordnet sind.
Das Dichte-basierte Clustern zeigt seine Überlegenheit besonders bei geometrischen For-
men, wie z. B. in konzentrischen Kreisen angeordneten Punkten. Dies kann bei der Erkennung von Bildern von großem Vorteil sein, da zusammenhängende Bereiche leicht erkannt
werden.

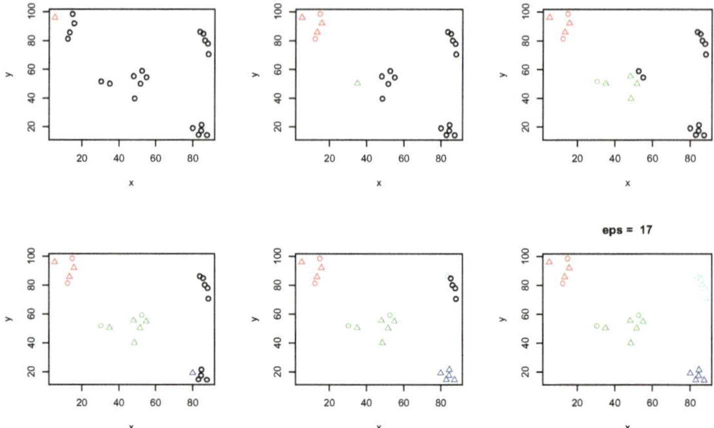

Abb. 5.21 Dichtebasiertes Clustern, Iterationen, $\varepsilon = 17$

Wir erzeugen Daten in konzentrentrischen Kreisen:

```
#------------------------------------------------------
# Kreisförmige Daten
# 2 Klassen
N = 4000
x = runif(N,-1,1)
y = runif(N,-1,1)
Daten = data.frame(x,y)

attach(Daten)
innen = Daten[x^2+y^2 < 1/4 & x^2 + y^2 > 0.15,]
aussen = Daten[x^2+y^2 < 0.9 & x^2+y^2 > 0.70,]
detach(Daten)
D = rbind(innen,aussen)
# Ende Generierung Kreisdaten ---
```

Wir analysieren diese Daten mit dbscan:

```
eps = 0.20
d = fpc::dbscan(D,eps=eps,showplot = 1);
title(paste("eps = ",eps))
# Die letzte Grafik bekommt die Ueberschrift
```

Insgesamt wurden 20 Grafiken erstellt. Hier werden nur einige dargestellt. Die roten und grünen Punkte sind Clustern zugeordnet, die schwarzen sind zunächst Einzelpunkte (Abb. 5.22).

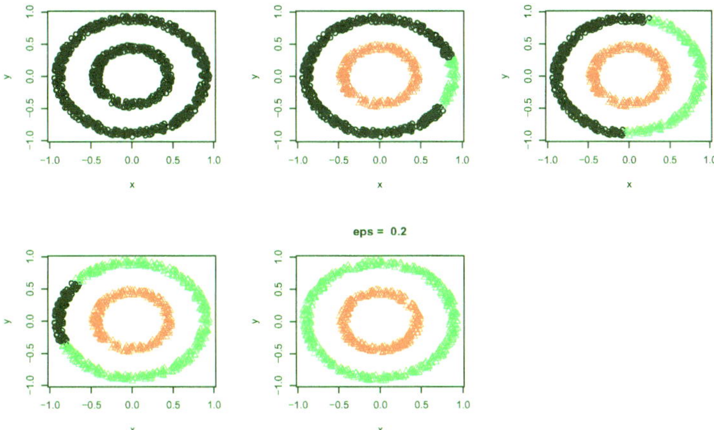

Abb. 5.22 Dichtebasiertes Clustern, konzentrische Kreise

Zum Vergleich führen wir die Clusteranalyse mit dem K-means-Verfahren durch:

```
cl = kmeans(D, 2)
plot(D, col = cl$cluster,pch=20, main="k = 2")
```

Die konzentrischen Kreise werden nicht als Cluster erkannt, da beim K-means-Verfahren die Zuordnung zu Clusterzentren durch Abstände erfolgt, ohne auf „Verkettungen" zu achten (Abb. 5.23).

Nun führen wir Clusteranalysen mit hierarchischen Verfahren durch.

Zunächst mit dem complete linkage-Verfahren (Abb. 5.24):

```
Dist = dist(D)
cl = hclust(Dist,method="complete")
cl.clus.nr=cutree(cl,k=2)
```

Abb. 5.23 partitionierendes
Verfahren: K-means

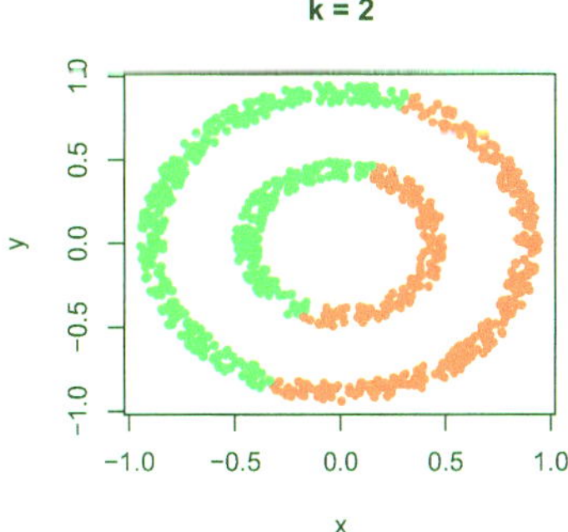

Abb. 5.24 hierarchisches
Clustern: complete linkage

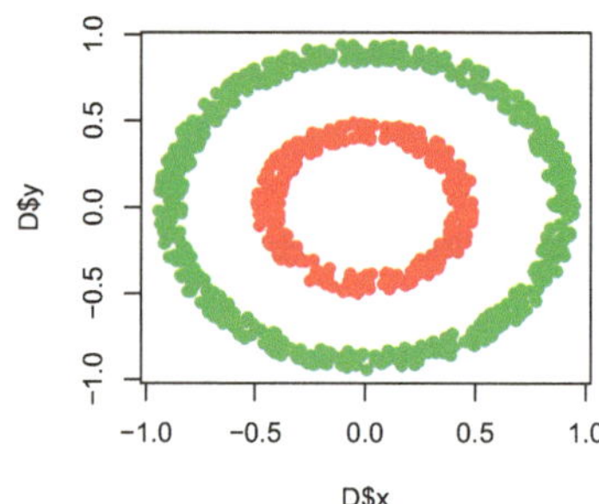

Abb. 5.25 hierarchisches
Clustern: single linkage

```
plot(D$x,D$y,pch=16,col=cl.clus.nr)
```

Auch das complete-Linkage-Verfahren entdeckt die Clusterstruktur nicht.

Es folgt die Analyse mit dem single-linkage-Verfahren:

```
sl = hclust(Dist,method="single")
sl.clus.nr=cutree(sl,k=2)
plot(D$x,D$y,pch=16,col=sl.clus.nr)
```

Hier werden die Cluster erkannt, da dieses Verfahren durch die Verschmelzung der jeweils nächsten Nachbarn die Kettenbildung erkennt (Abb. 5.25).

5.5   Vergleich der Verfahren anhand der Datei Cars93

Wenn sowohl die quantitativen als auch die qualitativen Merkmale in die Analyse einbezogen werden sollen, so können Distanzen mit dem Gower-Koeffizienten berechnet werden. Hier gibt es jedoch Einschränkungen bei der Auswahl der Verfahren. Die Algorithmen, die auf den Koordinaten der Objekte basieren (wie kmeans und dbscan) scheiden hierbei aus. Als Alternative zu kmeans bietet sich pam (partitioning around medoids) an, da hier auch eine Distanzmatrix eingegeben werden kann. Damit wir jedoch alle behandelten Verfahren vergleichen können, beschränken wir uns auf die quantitativen Variablen. Um vergleichbare Skalen zu erhalten, werden alle Variablen skaliert.

```
Cars93.num = Cars93[sapply(Cars93,is.numeric)]
Cars93.num = scale(Cars93.num,center=FALSE)
```

Hierarchisches Clustern

Wir wenden Single-linkage und Complete-linkage auf die Daten an und geben die Dendrogramme aus (5.26 und 5.27). Da es sich um relativ viele Daten handelt, kann man den Dendrogrammen nicht entnehmen, welche Autos zu Clustern zusammengefasst werden. Es ist jedoch gut zu erkennen, ob überhaupt eine Clusterstruktur gefunden wird.

```
sl = hclust(dist(Cars93.num),method="single")
plot(sl,hang=-0.5,main="Dendrogramm, single linkage",cex=0.2)

cl = hclust(dist(Cars93.num),method="complete")
plot(cl,hang=-0.5,cex=0.2,main="Dendrogramm, complete linkage")
```

Das complete-linkage-Verfahren deutet auf eine Struktur aus zwei Clustern hin (Abb. 5.27)

```
clus.nr = cutree(cl,k=2) #
table(clus.nr)           # Haeufigkeitstabelle

## clus.nr
##  1  2
```

Abb. 5.26 hierarchisches
Clustern: single linkage

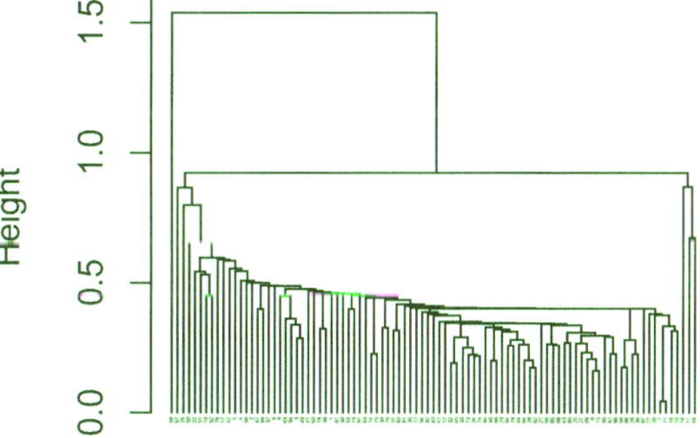

Abb. 5.27 hierarchisches
Clustern: complete linkage

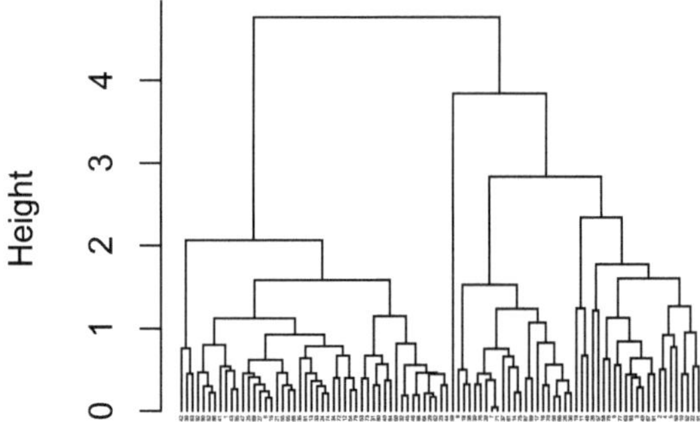


```
## 48 45
```

```
mit.Cluster = data.frame(Cars93,clus.nr)
# hinzufuegen der Clusternr. zum Dataframe
# um Daten nach Clustern analysieren zu koennen
```

K-means-Verfahren

Wir schließen als partitionierendes Verfahren den K-means-Algorithmus an:

```
library(cluster)
K = 10
wssq = numeric(K)
wssq[1] = NA

for (k in 2:K)
{
(km = kmeans(na.omit(Cars93.num),k))
wssq[k] = km$tot.withinss
}

plot(1:K,wssq,pch=16,xlab="Clusteranzahl k",type="b",
      main="Within-Cluster-Sums-of-Squares (wssq)")
```

Die Suche nach der besten Clusteranzahl für K-means mit der Within-Cluster-Sums-of-Squares-Grafik, Abb. 5.28, lässt darauf schließen, dass es keine klare Clusterstruktur gibt, denn es gibt nur einen sehr schwachen Knick im Grafikverlauf.

Abb. 5.28 Within-Cluster-
Sums-of-Squares

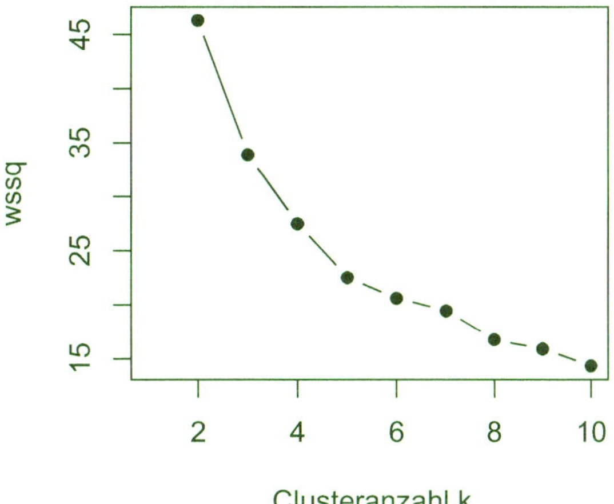

Dichte-basiertes Cluster-Verfahren

Abschließend wenden wir noch das Dichte-basierte Clustern an.

```
library(dbscan)
library(fpc)

kNNdistplot(na.omit(Cars93.num), k = 3)
```

Die Grafik der Distanzen der 3 nächsten Nachbarn, Abb. 5.29, deutet auf den Wert 2 als eine gute Wahl für die epsilon-Umgebung hin.

```
eps = 2
d = fpc::dbscan(na.omit(Cars93.num),eps=eps,MinPts=5,
                showplot = 0)
d


## dbscan Pts=82 MinPts=5 eps=2
##          0  1  2
## border 53  9  6
## seed    0  7  7
## total  53 16 13
```

Es bilden sich zwei Cluster mit 16 bzw. 13 Objekten, 53 nicht zugeordnete Punkte bleiben jedoch übrig.

Abb. 5.29 Distanzen der 3
nächsten Nachbarn

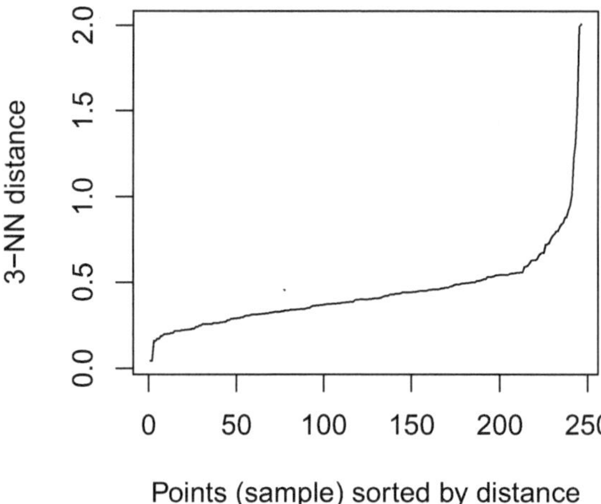

Vergleich der Ergebnisse und Untersuchung der Cluster

Das hierarchische complete-linkage-Verfahren zeigte eine Struktur mit zwei Clustern. Bei dieser Datei scheint das hierarchische Verfahren also überlegen zu sein. Zusammenfassend kann man feststellen, dass das hierarchische complete-linkage-Verfahren als einziges Verfahren bei der Cars93-Datei eine Struktur aufgedeckt hat, es wurden zwei Cluster identifiziert.

Da wir 18-dimensionale Daten haben, können wir die Ergebnisse nicht so ohne weiteres im Ganzen visuell überprüfen.[2] Wir vergleichen stattdessen die Verteilungen einzelner Merkmale innerhalb der beiden Cluster Man könnte sich ein summary aller Variablen nach Clustern getrennt ansehen. Wir überspringen jedoch die Ausgabe und sehen uns Boxplots einzelner Merkmale an. Die Cluster wurden mit den skalierten Merkmalen gebildet, hier betrachten wir nun die nichtskalierten Merkmale.

```
# by(mit.Cluster,clus.nr,summary)   # summary pro Cluster


par(mfrow=c(1,3))
boxplot(mit.Cluster$MPG.city~clus.nr,main="Miles per Gallon city",
        xlab="Clusternr.")
boxplot(mit.Cluster$Horsepower~clus.nr,main="Horsepower",
        xlab="Clusternr.")
boxplot(mit.Cluster$Passengers~clus.nr,main="Passengers",
        xlab="Clusternr.")


par(mfrow=c(1,1))
```

---

[2]Im nächsten Kapitel wird eine Möglichkeit vorgestellt, wie die Anzahl der Dimensionen reduziert werden kann.

Abb. 5.30 Boxplots innerhalb der Cluster

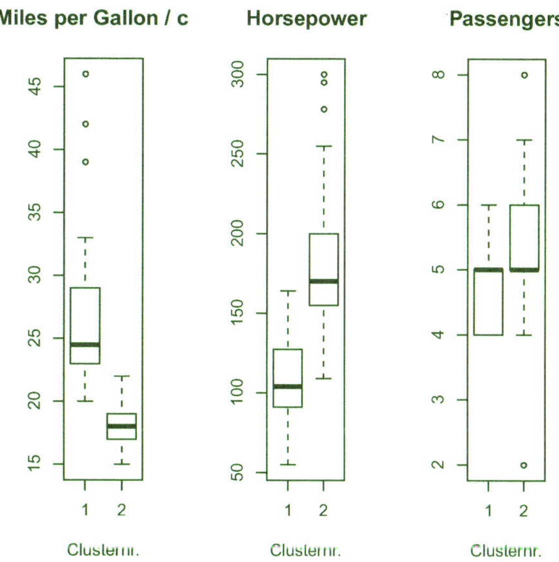

Der Grafik 5.30 können wir entnehmen, dass die größeren Autos mit mehr PS und mehr Fahrgastsitzen sowie höherem Benzinverbrauch in Cluster 2 einsortiert werden, die kleineren in Cluster 1.

## Teil III

Dimensionsreduktion

Dimensionsreduktion – Hauptkomponentenanalyse englisch: principal components (PCA)

6

Bei der Hauptkomponentenanalyse geht es darum, hochdimensionale Daten auf wenige Dimensionen zu reduzieren. Will man Objekte nach der Größe ordnen, so muss man sich auf eine Dimension beschränken. Um Cluster durch grafische Darstellungen zu visualisieren, wären zweidimensionale Daten ideal. Bei rechenintensiven Datenanalyseverfahren ist es generell günstiger mit niedrigdimensionalen Daten zu arbeiten. Die Hauptkomponentenanalyse stellt eine Möglichkeit dar, hochdimensionale Daten auf wenige Dimensionen zu reduzieren.

6.1 Anwendungen der Hauptkomponentenanalyse

Im Kapitel Clusteranalyse haben wir 18-dimensionale Datenobjekte zu Clustern zusammengefasst. Zur Überprüfung der Clusterlösung wäre es wünschenswert, wenn man die Daten übersichtlich, vorzugsweise im zweidimensionalen Koordinatensystem darstellen könnte. Aus den vielen Dimensionen sollten also zwei extrahiert werden.[1]

Sollen handgeschriebene Ziffern automatisch erkannt werden, so hat man es in der Regel mit hochdimensionalen Daten zu tun. Im folgenden Beispiel sind die Ziffern als 16×16 Pixel Graustufengrafiken dargestellt (Abb. 6.1), also handelt es sich um Objekte im 256-dimensionalen Raum. Hier stellt sich die Frage, ob es zur Datenreduktion möglich ist, wenige Dimensionen zu extrahieren, wobei die wesentlichen Informationen erhalten bleiben sollen.

Manchmal ist es sogar wünschenswert, die Daten auf nur eine Dimension zu reduzieren, beispielsweise um Objekte, die durch mehrere Eigenschaften beschrieben sind, zu sortieren. In der Pisa-Studie werden regelmäßig Schüler aus vielen Ländern hinsichtlich ihrer naturwis-

---

[1] Die Darstellung eines p−dimensionalen Datensatzes im 2−dimensionalen Raum kann man auch durch Anwendung der multidimensionalen Skalierung erhalten. Dieses Verfahren wird im Buch von Handl [8] sehr ausführlich beschrieben.

© Springer Fachmedien Wiesbaden GmbH, ein Teil von Springer Nature 2020
M. von der Hude, *Predictive Analytics und Data Mining*,
https://doi.org/10.1007/978-3-658-30153-8_6

Abb. 6.1 Handgeschriebene Ziffern

senschaftlichen Kompetenz, sowie ihrer Mathematik- und Lesekompetenz getestet. Möchte man die Länder auf Basis der Testergebnisse auf einer Skala anordnen, so muss man die verschiedenen Merkmale geeignet kombinieren; hierfür könnte man für jedes Land den Mittelwert der erzielten Punkte bilden. Eine Alternative wäre es, nur ein Merkmal auswählen; und zwar sollte das Merkmal gewählt werden, bezüglich dessen sich die Länder besonders stark unterscheiden, also das Merkmal mit der größten Varianz bzw. Standardabweichung.

Bei der Hauptkomponentenanalyse werden die beiden Ansätze – Kombination der Merkmale und Auswahl nach der größten Varianz – miteinander verknüpft, und zwar werden aus den vorhandenen p Merkmalen durch Linearkombinationen zunächst p neue unkorrelierte Merkmale gebildet, die sogenannten Hauptkomponenten. Aus diesen Hauptkomponenten werden diejenigen mit der größten Varianz ausgewählt.

6.2   Prinzip der Hauptkomponentenanalyse

Wir greifen das Beispiel der Pisa-Studie auf.[2]

Den Grafiken 6.2 ist zu entnehmen, dass die drei Merkmale naturwissenschaftliche Kompetenz, Mathematik- und Lesekompetenz (NGB, MGB und LK) stark korreliert sind. Bezüglich der Lesekompetenz streuen die Punkteanzahlen weniger stark als bezüglich der Mathematikkompetenz. Alle drei Merkmale sollen nun geeignet zu einem zusammengefasst werden.

Um die Vorgehensweise im zweidimensionalen Koordinatensystem zu veranschaulichen, beschränken wir uns auf zwei Merkmale, die Mathematik- und naturwissenschaftliche Kompetenz. Die Länder variieren am stärksten in der Richtung, die durch die Gerade beschrieben ist, um die die Punktwolke streut (Abb. 6.3), hier ist das im Wesentlichen die Bilddiagonale. In der Richtung, die durch die hierauf senkrecht stehende Gerade gegeben ist, variieren die Punkte am wenigsten, man hat sozusagen eine Haupt- und eine Nebenrichtung. Stellt man

---

[2]Es handelt sich hier um ältere Daten aus dem Jahr 2000.

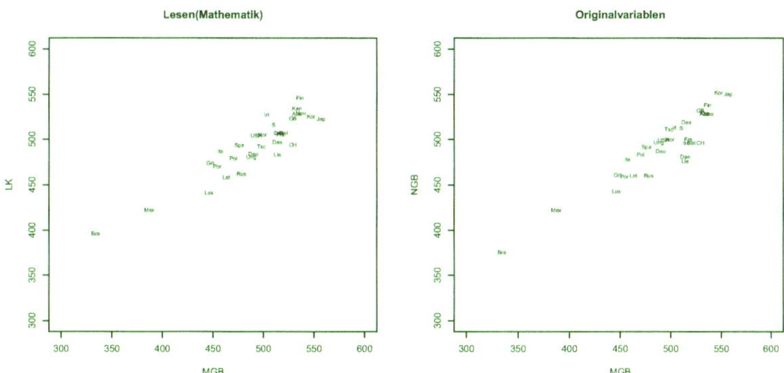

Abb. 6.2 Pisadaten

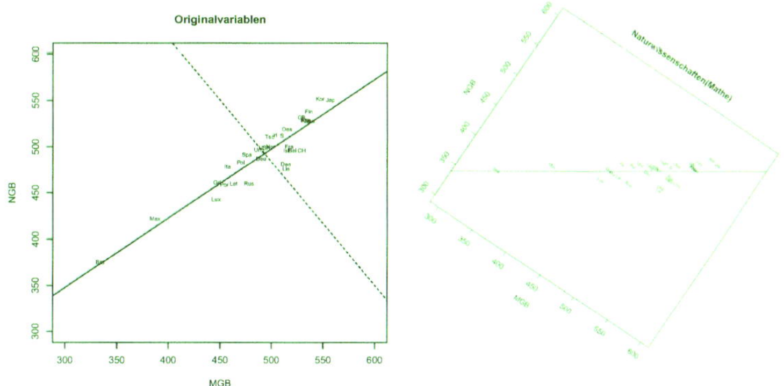

Abb. 6.3 „normales" Koordinatensystem (links), gedrehtes Koordinatensystem (rechts)

sich die Form der Daten als Ellipse vor, so bezeichnet man die Hauptrichtung als Hauptachse, die Nebenrichtung als Nebenachse.

Der Korrelationskoeffizient $r_{MGB,NGB}$ ist 0.93.

Würde man die Punktwolke so drehen, dass die Hauptachse parallel zur x-Achse verläuft, so wären die Daten unkorreliert. Wenn man sich jetzt auf die Koordinaten der Hauptachse und damit auf eine Dimension beschränken würde, so hätte man nur wenig Information bezüglich der Lage der Punkte verloren, da die Abweichungen in der anderen Richtung gering sind.

Wir betrachten nun noch einmal ganz allgemein die Datenmatrix X mit n Objekten und p Merkmalen

$$X = (X_1, \ldots, X_p) = \begin{pmatrix} x_{11} & \cdots & x_{1p} \\ x_{21} & & x_{2p} \\ \vdots & \ddots & \vdots \\ x_{i1} & x_{ij} & x_{ip} \\ & & \ddots \\ x_{n1} & \cdots\cdots\cdots & x_{np} \end{pmatrix},$$

sowie die Kovarianz- und Korrelationsmatrizen S und R der Daten:

$$\text{Kovarianzmatrix} \qquad\qquad\qquad \text{Korrelationsmatrix}$$

$$[3ex]\ S = Cov(X_1, \ldots, X_p) = \begin{pmatrix} s_1^2 & s_{1,2} & \cdots & & s_{1,p} \\ s_{2,1} & & & & s_{2,p} \\ \vdots & & \ddots & & \vdots \\ s_{i,1} & & s_{i,j} & & s_{i,p} \\ & & & \ddots \\ s_{p,1} & \cdots & \cdots & \cdots & s_p^2 \end{pmatrix} \qquad R = \begin{pmatrix} r_{1,1} & r_{1,2} & \cdots & & r_{1,p} \\ r_{2,1} & & & & r_{2,p} \\ \vdots & & \ddots & & \vdots \\ r_{i,1} & & r_{i,j} & & r_{i,p} \\ & & & \ddots \\ r_{p,1} & \cdots & \cdots & \cdots & r_{p,p} \end{pmatrix}$$

Wie im Beispiel der zwei Merkmale der Pisa-Daten $X_1 = $ MGB und $X_2 = $ NGB soll nun das $p-$dimensionale Koordinatensystem so gedreht werden, dass die Hauptrichtung parallel zu einer Achse liegt und alle Dimensionen senkrecht aufeinander stehen. Daraus ergibt sich eine Kovarianz- und damit auch Korrelationsmatrix, bei der außerhalb der Diagonalen nur Nullen stehen, also eine Diagonalmatrix.

Die neuen durch Drehung entstandenen Merkmale heißen Hauptkomponenten. Wir bezeichnen sie mit $Y_1, \ldots, Y_p$.

$$Cov(Y_1, \ldots, Y_p) = \begin{pmatrix} \lambda_1 & 0 & \ldots & 0 \\ 0 & \ddots & & \vdots \\ \vdots & & & 0 \\ 0 & \ldots & 0 & \lambda_p \end{pmatrix}$$

Die Hauptkomponenten werden als Linearkombinationen aus den Merkmalen $X_1, \ldots, X_p$ erzeugt, das bedeutet, dass die Merkmale X_i mit geeigneten Koeffizienten a_{ij} gewichtet, also multipliziert und anschließend addiert werden.

$$Y_1 = a_{11}X_1 + \ldots + a_{1p}X_p$$
$$Y_2 = a_{21}X_1 + \ldots + a_{2p}X_p$$
$$\vdots$$
$$Y_p = a_{p1}X_1 + \ldots + a_{pp}X_p$$

Im Beispiel der zweidimensionalen Daten der Pisa-Studie wurden die unkorrelierten Hauptkomponenten anschaulich durch Drehung erzeugt. In der linearen Algebra wird die Drehung von Vektoren durch eine lineare Abbildung beschrieben, die durch eine Drehungsmatrix definiert wird.

Fasst man die Koeffizienten $a_{ij}, i, j = 1, \ldots, p$ zu einer Matrix A zusammen, so erhält man diese Drehungsmatrix.

Aus Sätzen der Statistik und der linearen Algebra ergibt sich, dass man eine Drehungsmatrix A erhält, die unkorrelierte Merkmalsvektoren erzeugt, wenn die Zeilenvektoren $\mathbf{a}_i = (a_{i1}, a_{i2}, \ldots, a_{ip})$ die Eigenvektoren der Kovarianzmatrix S sind. Die Diagonalelemente λ_i der Kovarianzmatrix der Hauptkomponenten – also die Varianzen – sind die Eigenwerte von S. Sie werden stets absteigend sortiert, d. h. die erste Hauptkomponente enthält die größte Varianz und damit die größte Information zur Unterscheidung der Objekte.

6.3   Beispiel: zweidimensionale Daten

Wir führen die Hauptkomponentenanalyse zunächst für das Beispiel der zwei Merkmale der Pisa-Daten $X_1 = $ MGB und $X_2 = $ NGB durch. Die Merkmale werden üblicherweise standardisiert, d. h. durch die Standardabweichung geteilt und der Mittelwert wird subtrahiert. Dies ändert nichts an der Korrelation. Die Drehung erfolgt jetzt um den Nullpunkt.

Die Koordinaten der ersten fünf Länder:

```
Originalvariablen          standardisiert    Hauptkomponenten


            MGB  NGB        MGB.s  NGB.s           PC1     PC2
Aus         533  528         0.85   0.94         -1.27    0.06
Bel         520  496         0.57   0.09         -0.47   -0.34
Bra         334  375        -3.40  -3.12          4.61    0.20
Dae         514  481         0.45  -0.31         -0.10   -0.53
Deu         490  487        -0.07  -0.15          0.15   -0.06
```

Es fällt auf, dass das Land, das eigentlich am wenigsten Punkte in MGB und NGB erzielt hat, den höchsten Wert bezüglich der ersten Hauptkomponente hat. Diese Umkehrung kann passieren, da die Vorzeichen der Eigenvektoren bei der Umformung beliebig sind. Man sollte die Ergebnisse daher immer kritisch betrachten, und bei Bedarf die Reihenfolge umkehren.

Aus der Drehungsmatrix kann man die Formeln der Linearkombinationen ablesen (sie beziehen sich auf die standardisierten Merkmale, die hier mit einer Tilde markiert sind):

```
Drehungsmatrix, Eigenvektoren
            PC1         PC2
MGB -0.7071068 -0.7071068
NGB -0.7071068  0.7071068
```

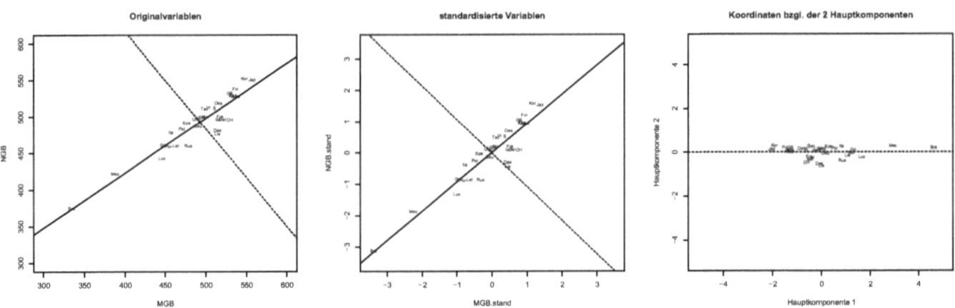

Abb. 6.4 Originaldaten, standardisierte Daten und Hauptkomponenten

$$Y_1 = PC1 = -0.707 \cdot \widetilde{MGB} - 0.707 \cdot \widetilde{NGB}$$
$$Y_2 = PC2 = -0.707 \cdot \widetilde{MGB} + 0.707 \cdot \widetilde{NGB}$$

Die Varianzen der Hauptkomponenten sind 1.93 bzw. 0.07. Hieraus, wie auch aus der Grafik 6.4 rechts, wird sehr deutlich, dass die zweite Hauptkomponente für die Beschreibung der Lage der Punkte kaum eine Rolle spielt. Für die Sortierung der Länder kann man sich auf die erste Hauptkomponente beschränken.

Zu Beginn des Kapitels wurde vorgeschlagen, eine Dimension, also ein neues Merkmal zu erzeugen, indem man für jedes Land den Mittelwert aus den Punkten berechnet. Hierbei handelt es sich um eine spezielle Linearkombination mit den Koeffizienten $a_{11} = a_{12} = \frac{1}{2}$, die jedoch nicht die maximale Information enthält.

6.4   Beispiel: 256-dimensionale Daten

Wir greifen das Beispiel der handgeschriebenen Ziffern auf. Die Ziffern werden durch 16×16 Pixel Graustufengrafiken, also durch Koordinaten im 256-dimensionalen Raum beschrieben. Bei der weiteren Verarbeitung, beispielsweise bei der automatischen Erkennung wären weniger Dimensionen wünschenswert, da dadurch weniger Speicher und vermutlich auch weniger Verarbeitungszeit benötigt wird.

Die Daten werden eingelesen. Da die erste Spalte die Angabe der Ziffern enthält, also nicht zur Graustufengrafik gehört, wird sie aus dem Dataframe entfernt.

Die Funktion `prcomp` (principal components) erzeugt ein Ergebnisobjekt, das verschiedenste Informationen enthält (Details bietet die Hilfe zu prcomp).

```
# Ziffern
alleZiffern = read.table("Verzeichnis/alleZiffern.txt",header=T)
nurGraustufen = alleZiffern[,2:257] #erste Spalte enthaelt Ziffer

HK = prcomp(scale(nurGraustufen))    #Daten skaliert

summary(HK)
```

Der Aufruf `summary` gibt zu allen $p = 256$ Hauptkomponenten (`PC`) folgende Informationen aus:

- `Standard deviation:`
  Standardabweichung der `PC` (Wurzel aus der Varianz, also dem Diagonalelement der Kovarianzmatrix der Hauptkomponenten)
- `Proportion of Variance:`
  Welchen Anteil an der Gesamtvarianz enthält die `PC`?
- `Cumulative Proportion:`
  Welchen Anteil an der Gesamtvarianz enthalten die Hauptkomponenten bis zur aktuellen PC?

Die Informationen werden hier nur bis zur zehnten Hauptkomponente aufgelistet:

```
## Importance of components:
##                           PC1    PC2    PC3   PC4    PC5    PC6   PC7    PC8    PC9  PC10
## Standard deviation       6.20 4.3643 4.1793 3.649 3.3210 3.0850 2.949 2.7940 2.4945 2.321
## Proportion of Variance   0.15 0.0744 0.0682 0.052 0.0431 0.0372 0.034 0.0305 0.0243 0.021
## Cumulative Proportion    0.15 0.2246 0.2928 0.345 0.3879 0.4251 0.459 0.4895 0.5139 0.535
##      .
##      .
##      .
```

Die Hauptkomponenten PC1 bis PC10 enthalten bereits 53.5 % der gesamten Information also der Summe aller Varianzen.

Der `Screeplot` (scree = Geröll) zeigt die Varianzen der ersten zehn Hauptkomponenten. Falls sich hier ein deutlicher Knick zeigte, der Übergang vom Abhang zum Geröll, so wäre an dieser Stelle eine gute Wahl für die Anzahl der erforderlichen Hauptkomponenten abzulesen.

```
screeplot(HK,type="l",main="screeplot")
```

In der Grafik 6.5 ist ein Knick zwischen zwei und drei Hauptkomponenten zu erkennen. Der Anteil an der Gesamtvarianz steigt ab hier nur noch wenig, allerdings sind bei zwei Hauptkomponenten erst 22 % erreicht. Man könnte eine Mindestvorgabe für den prozentualen Anteil machen, beispielsweise könnte man fordern, dass mindestens 75 % der Varianz erreicht sein sollen, und daraus die Anzahl der erforderlichen Hauptkomponenten ermitteln. Bei 24 Hauptkomponenten sind 75 % erreicht, bei 69 Hauptkomponenten sogar 95 %.[3]

---

[3] Diese Werte sind hier nicht ausgedruckt.

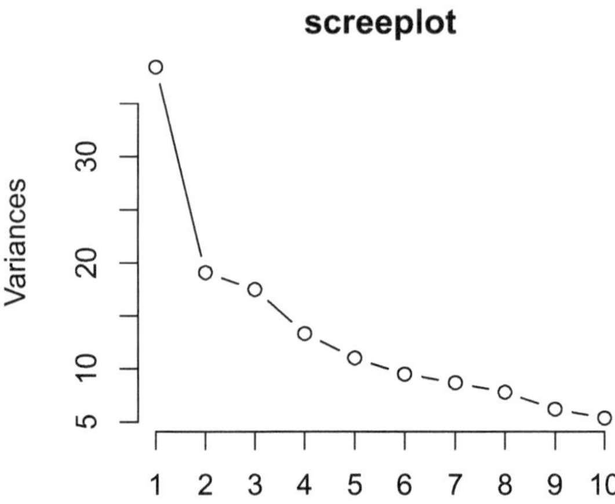

Abb. 6.5 Screeplot der Hauptkomponenten der Ziffern

6.5   Beispiel: Autodaten Cars93

Die 18 numerischen Merkmale der Autodaten, die wir für die Clusteranalyse benutzt haben, sollen nun einer Hauptkomponentenanalyse unterzogen werden, um die Daten im zweidimensionalen Koordinatensystem darstellen zu können.

```
HK = prcomp(na.omit(Cars93.num))

summary(HK)
```

```
## Importance of components:
##                         PC1    PC2    PC3    PC4    PC5    PC6     PC7     PC8     PC9    PC10
## Standard deviation     0.937  0.382  0.2104 0.1680 0.1336 0.1312 0.10250 0.09002 0.07061 0.05486
## Proportion of Variance 0.752  0.125  0.0379 0.0242 0.0153 0.0148 0.00901 0.00695 0.00427 0.00258
## Cumulative Proportion  0.752  0.878  0.9158 0.9400 0.9553 0.9700 0.97903 0.98597 0.99025 0.99283
##                         PC11   PC12    PC13    PC14    PC15    PC16    PC17     PC18
## Standard deviation     0.05087 0.04253 0.03868 0.03628 0.02443 0.01797 0.01551 0.000889
## Proportion of Variance 0.00222 0.00155 0.00128 0.00113 0.00051 0.00028 0.00021 0.000000
## Cumulative Proportion  0.99504 0.99659 0.99788 0.99900 0.99952 0.99979 1.00000 1.000000
```

In zwei Hauptkomponenten sind bereits 87.8 % der gesamten Information der Daten enthalten, denn dies entspricht dem Anteil an der Gesamtvarianz. Dem Screeplot in Abb. 6.6 sind die Varianzen zu entnehmen.

```
screeplot(HK,type="l",main="screeplot")
```

Da hier – im Gegensatz zu den Zifferndaten – die ursprünglichen Merkmale von Interesse sein können, betrachten wir einen Ausschnitt aus der Drehungsmatrix, und zwar die ersten drei Spalten und damit die Koeffizienten a_{ij} für die ersten drei Hauptkomponenten.

Die erste Hauptkomponente wird hauptsächlich aus den Preisangaben zusammengesetzt, die zweite wird durch den Hubraum (`EngineSize`) dominiert, die dritte durch die PS-Zahl (`Horsepower`) und den Gepäckraum (`Luggage.room`), wobei beide verschiedenes Vorzeichen haben.

```
HK$rotation
```

```
##                         PC1       PC2       PC3
## Min.Price            0.4757   -0.1783   -0.14653
## Price                0.4683   -0.3097   -0.13120
## Max.Price            0.4585   -0.4100   -0.11739
## MPG.city            -0.1961   -0.2511   -0.24660
## MPG.highway         -0.1331   -0.1251   -0.22317
## EngineSize           0.3013    0.4869   -0.04174
## Horsepower           0.3105    0.0972    0.60630
## RPM                 -0.0194   -0.1749    0.21207
## Rev.per.mile        -0.1365   -0.3396   -0.02757
## Fuel.tank.capacity   0.1566    0.1520    0.06558
## Passengers           0.0567    0.1726   -0.28457
## Length               0.0629    0.1169   -0.04820
## Wheelbase            0.0503    0.0725   -0.06122
## Width                0.0382    0.0831    0.00340
## Turn.circle          0.0512    0.1204    0.00621
## Rear.seat.room       0.0461    0.0941   -0.23849
## Luggage.room         0.1129    0.3072   -0.51781
## Weight               0.1693    0.1912    0.07371
```

Abschließend stellen wir die durch `kmeans` gebildeten Cluster im zweidimensionalen Koordinatensystem dar. Die Grafik 6.7 wird mit der Funktion clusplot aus der `library cluster` erzeugt. Es werden automatisch die Hauptkomponenten gebildet und die ersten zwei für die Grafik benutzt.

```
library(cluster)
km = kmeans(na.omit(Cars93.num),2)

clusplot(na.omit(Cars93.num), km$cluster,pch=" ", plotchar=F,
         color=F, col.clus="black",col.txt=km$cluster, shade=F,
             labels=3,  lines=0,cex.txt=0.6,cex.main=0.8,
             main="Darstellung der 18-dim. Daten im 2-dim. Raum")
```

Abb. 6.6 Screeplot der Hauptkomponenten der Autodaten

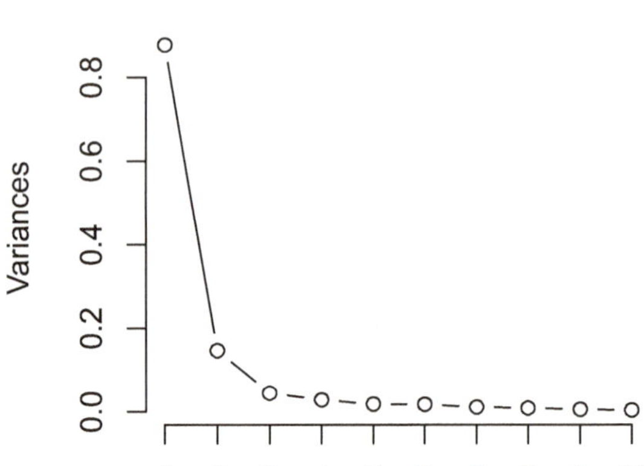

Abb. 6.7 Clusterplot der Hauptkomponenten der Autodaten

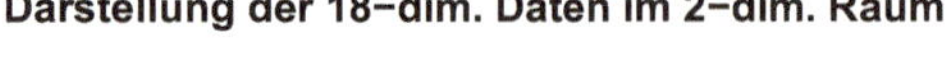
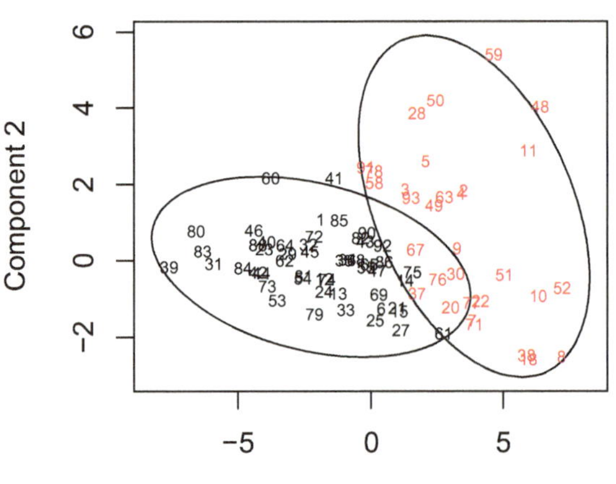

Wie schon bei der Clusteranalyse der Daten angemerkt wurde, wird hier keine klare Clusterstruktur entdeckt. Bei der Betrachtung der Grafik fällt auf, dass sich die Daten in den beiden Clustern überlappen. Würde man das Clustern auf der Basis der zwei Hauptkomponenten vornehmen, so würde es sicher zu einer etwas anderen Zuordnung kommen. Es sind allerdings alle 18 Merkmale benutzt worden, die ersten zwei Hauptkomponenten wurden nur für die grafische Darstellung 6.7 benutzt.

Bei Klassifikations- und Regressionsfragestellungen geht es um die Vorhersage von Werten eines Merkmals mit Hilfe eines oder mehrerer anderer Merkmale. Diese Merkmale werden oft als Prädiktorvariablen, Prädiktoren oder auch als Einflussgrößen bezeichnet.

Das zu prognostizierende Merkmal kann auch allgemein als Zielgröße bezeichnet werden. Bei der Klassifikation ist es kategorial (qualitativ), die Werte heißen Klassenlabel, bei der Regression ist es numerisch (quantitativ). Bei allen Prognoseverfahren benötigt man Daten, bei denen auch die Werte der Zielgröße bekannt sind, diese Daten bezeichnet man als Lerndaten.

Aus der großen Menge der Prognoseverfahren wird hier eine Auswahl präsentiert. Es sollen die Prinzipien und Besonderheiten der Methoden erläutert werden. Im Kap. 15 werden dann einige Klassifikationsverfahren hinsichtlich ihrer Performance miteinander verglichen.

7.1 Anwendungsbeispiele und Übersicht über die Verfahren

Beispiele zur Klassifikation

1. Es soll die Bonität von Bankkunden vorhergesagt werden. Von den Bankkunden sind verschiedene Merkmale wie z. B. das Alter, Geschlecht, der Wohnort und meistens auch das Einkommen bekannt.
2. Der Spam-Filter soll E-Mails als Spam oder Ham (nicht Spam) auf Basis der Inhalte klassifizieren.
3. Ist eine Steuererklärung korrekt oder wurden falsche Angaben gemacht?
   Vielleicht lässt sich dies bereits prognostizieren, wenn man verschiedene Merkmale der Personen kennt, wie z. B. Alter, Geschlecht, Berufsstand usw. Das Finanzamt müsste dann nicht mehr alle Steuererklärungen überprüfen sondern könnte sich auf die „verdächtigen" beschränken.

© Springer Fachmedien Wiesbaden GmbH, ein Teil von Springer Nature 2020   95
M. von der Hude, *Predictive Analytics und Data Mining*,
https://doi.org/10.1007/978-3-658-30153-8_7

Beispiele zur Regression

1. Wie hoch wird der Ozonwert sein bei bestimmten Temperaturen und Windstärken?
2. Welchen Preis kann man beim Verkauf einer Immobilie erzielen?
3. Wieviel Punkte wird jemand in der Statistikklausur erzielen, wenn die erreichten Punkte in der Graphentheorieklausur bekannt sind?
   Vielleicht braucht man nur die Graphentheorieklausur exakt zu korrigieren und kann dann einfach die Punkte der Statistikklausur prognostizieren bzw. schätzen.

Man unterscheidet zunächst zwischen Memory-basierten und Modell-basierten Verfahren.

- Bei Memory-basierten Verfahren wird zur Prognose der Zielgröße eines neuen Objekts unmittelbar auf die Lerndaten zugegriffen. Sie müssen also im Speicher verfügbar sein.
- Bei Modell-basierten Verfahren wird mit Hilfe der Lerndaten zunächst ein Modell erstellt. Es kann sich dabei um Grenzen zwischen den Werten der Zielgröße der Objekte handeln – seien es Klassen oder auch numerische Werte, oder es wird eine Formel zur Prognose der Zielgröße erstellt.
  Bei der Einordnung eines neuen Objekts wird dann das Modell benutzt.

Es gibt viele verschiedene Verfahren, von denen nur eine Auswahl in diesem Buch behandelt wird:

- k-nächste Nachbarn (für Klassifikation und Regression)
  Beim knn-Verfahren sieht man zur Prognose der Eigenschaften eines neuen Objekts die k nächsten Nachbarn an. Es handelt sich um ein Memory-basiertes Verfahren.
- Regressionsanalyse (klassisches Verfahren aus der Statistik)
  Es wird eine Funktionsgleichung – die Regressionsgleichung – erstellt, die die Abhängigkeit der quantitativen Zielgröße von den anderen Merkmalen – den Einflussgrößen – beschreibt.
- Logistische Regression (für Klassifikation)
  Auch hier wird eine Funktionsgleichung erstellt mit der jedoch die Wahrscheinlichkeit, zu einer Klasse zu gehören – der sogenannte Score – prognostiziert werden soll.
- Klassifikations- und Regressionsbäume und Random Forests
  Es werden Grenzen aufgestellt, durch die der Raum der Einflussgrößen partitioniert wird.
- (Naives) Bayes-Verfahren (für Klassifikation)
  Beim naiven Bayes-Verfahren wird die Wahrscheinlichkeit für eine Klassenzugehörigkeit mit Hilfe der Bayes-Formel aus der Statistik geschätzt.
- Neuronale Netze (für Klassifikation und Regression)
  Neuronale Netze bilden Mechanismen und Strukturen aus dem Gehirn, wie z. B. Neuronen und Synapsen ab. Dadurch wird der Zusammenhang zwischen Ziel- und Einflussgrößen modelliert.

- Support Vector Machines (hauptsächlich zur Klassifikation)
  Es werden Grenzen zwischen den Klassen nach bestimmten geometrischen Vorgaben gezogen.

Das Verfahren der nächsten Nachbarn (nearest neighbours) ist ein Memory-basiertes Verfahren, da hier für jede Prognose auf die Daten zugegriffen wird, bei allen anderen Verfahren werden Modelle erstellt.

Die Prognosegüte der Modelle wird in der Regel evaluiert, indem man die Lerndaten nach dem Zufallsprinzip in drei Teile teilt, und zwar in

1. Trainingsdaten zur Erstellung eines Modells,
2. Validierungsdaten zur Überprüfung der Modellgüte (z. B. Fehlklassifikationen) und gegebenenfalls Veränderung des Modells,
   (diese Daten sind also auch an der Modellbildung beteiligt)
3. Testdaten zur nochmaligen Überprüfung der Güte des endgültigen Modells,
   (diese Daten sind nicht an der Modellbildung beteiligt).

Eine Alternative bietet die Kreuzvalidierung.
   Diese Vorgehensweisen werden im Kapitel der Klassifikationsbäume näher erläutert.

Das Verfahren der *k*-nächsten Nachbarn ist eine einfache Methode, um Werte der Zielgröße für ein neues Objekt zu prognostizieren.

- Bei der Klassifikationsfragestellung zählt man, wieviele der Nachbarn zu welcher Klasse gehören und fällt eine Mehrheitsentscheidung. Bei Gleichheit gibt es entweder keine Entscheidung oder es erfolgt eine Zufallsauswahl.
- Bei der Regressionsfragestellung bildet man den Mittelwert der Zielgröße der Nachbarn und weist diesen Mittelwert dem neuen Objekt zu.

Für die Bestimmung der nächsten Nachbarn wählt man bei numerischen Daten meist die euklidische Distanz. Aber auch andere Distanzmaße sind denkbar (siehe Kap. 4).

Da man nicht nach Gesetzmäßigkeiten in den Daten sucht, sondern es nur darauf ankommt, gute Prognosen zu erzielen, spricht man von einem „Black-Box-Verfahren".

8.1 *k*-nächste Nachbarn für Klassifikation

Hier nochmals kurz die Vorgehensweise:

- Man sucht die *k* nächsten Nachbarn, wobei man nur die Einflussgrößen (die x-Werte) bei den Distanzen berücksichtigt.
- Aus den Klassenlabels der Nachbarn wählt man die am häufigsten vertretene Klasse aus. Bei Gleichheit fällt man eine Zufallsentscheidung oder weist keine Klasse zu.

© Springer Fachmedien Wiesbaden GmbH, ein Teil von Springer Nature 2020   99
M. von der Hude, *Predictive Analytics und Data Mining*,
https://doi.org/10.1007/978-3-658-30153-8_8

8.1.1   Wahl von k

Wir betrachten zunächst die Klassifikationsfragestellung anhand eines abstrakten Beispiels mit zweidimensionalen Daten. Die umrandeten Punkte in den Grafiken 8.1 sind Objekte aus drei Klassen mit den Klassenlabels blau, gelb und grau.

Alle Punkte der Ebene stellen neue Objekte dar, denen ein Klassenlabel zugewiesen werden soll. Daher werden für jeden Punkt in der Ebene die nächsten Nachbarn aus den vorhandenen Objekten bestimmt, aus deren Label das Mehrheitsvotum gebildet und als Label dem jeweils neuen Objekt zugewiesen. Als Beispiele wählen wir $k = 1$ (hier ist keine Mehrheitsbildung nötig) und $k = 7$.

Je nach Wahl der Anzahl der Nachbarn k kommt es zu einer mehr oder weniger starken Glättung der Prognosebereiche. In der linken Grafik bei $k = 1$ ist beispielsweise der blaue etwas isolierte Punkt komplett vom blauen Prognosebereich umgeben, bei $k = 7$ jedoch nicht.

Es wird empfohlen, nicht mit $k = 1$ zu arbeiten, da davon auszugehen ist, dass die genaue Position der Punkte auch Zufallsschwankungen unterliegt und man besser eine etwas stärker geglättete Region für die Klassifikation neuer Objekte nehmen sollte. Die Überanpassung an die vorhandenen Daten wird allgemein als Overfitting bezeichnet.

Da auch hier mit Distanzen zwischen Objekten gearbeitet wird, sollten – wie bei der Clusteranalyse – die Merkmale eventuell vorher standardisiert werden, um die Dominanz von Merkmalen mit großer Varianz zu vermeiden.

Neuklassifizierte Objekte können der Datei der vorhandenen Objekte hinzugefügt werden, sobald das tatsächliche Klassenlabel bekannt ist.

Hat man sehr viele Objekte, aus denen die nächsten Nachbarn bestimmt werden sollen, so kann diese Bestimmung sehr aufwändig sein. In diesem Fall könnte man in jeder Klasse der vorhandenen Objekte gesondert eine Clusteranalyse durchführen, und von jedem Cluster nur das Zentrum abspeichern. Diese Zentren könnten dann für die Auswahl der nächsten Nachbarn benutzt werden.

knn: k = 1   **knn: k = 7**

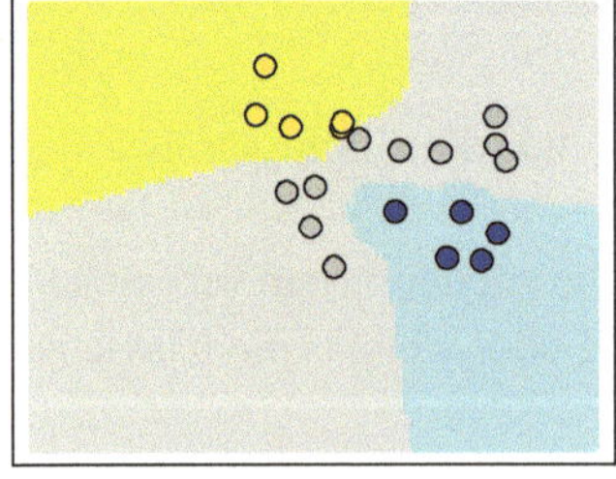 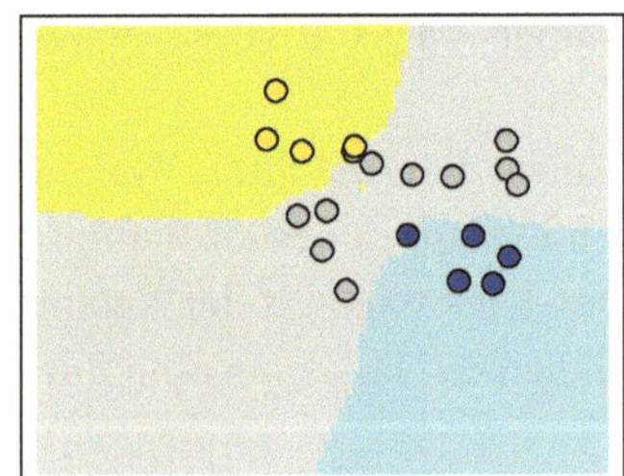

Abb. 8.1 k nächste Nachbarn für $k = 1$ und $k = 7$

8.1.2 Prognosegüte

Wie gut das Verfahren Klassenzugehörigkeiten für neue Objekte voraussagt, kann man mit Hilfe der vorhandenen Daten – der Lerndaten – überprüfen, da hier das tatsächliche Klassenlabel bekannt ist. Man kann also die tatsächliche Klasse mit der prognostizierten Klasse vergleichen.

Wir betrachten zunächst einfache Bewertungsmöglichkeiten. In Kap. 11 werden weitere Vorgehensweisen und Maßzahlen behandelt.

Die einfachste Möglichkeit, die Prognosegüte zu beurteilen, ist die Betrachtung der sogenannten Konfusionsmatrix, in der die Häufigkeiten der korrekten und der Falsch- oder auch Fehlklassifikationen zusammengestellt werden. Die Konfusionsmatrix – hier allgemein für C Klassen gezeigt – listet in den Zeilen die tatsächliche Klasse, in den Spalten die prognostizierte Klasse, und in der Matrix die jeweilige Häufigkeit (Tab. 8.1).

Für die in den Grafiken 8.1 dargestellten Daten gibt es bei $k = 1$ keine Fehlklassifikation. Bei $k = 7$ wird ein blauer Punkt aus den Lerndaten falsch als grau klassifiziert (Tab. 8.2).

Als Klassifikationsfehler *error* wird der Anteil der falsch klassifizierten Objekte bezogen auf alle untersuchten Objekte bezeichnet:

$$error = \frac{\text{Anzahl der falschklassifizierten Objekte}}{\text{Anzahl aller Objekte}}$$

Der Anteil der korrekt klassifizierten $1 - error$ heißt accuracy (Korrektheit) *acc*.

Tab. 8.1 Konfusionsmatrix für C Klassen

		Prognose		
		1	...	C
Tatsächliche	1	.	...	.
Klasse	⋮	.	⋱	.
	C	.	...	.

Tab. 8.2 Konfusionsmatrix für die Daten aus den Grafiken 8.1 für $k = 7$

		Prognose		
		Blau	Gelb	Grau
Tatsächliche	Blau	4	0	1
Klasse	Gelb	0	5	0
	Grau	0	0	10

Tab. 8.3 Konfusionsmatrix zur Klassifikation *ja/nein*

		Vom Modell prognostiziert	
		Ja	*Nein*
Tatsächl.	*Ja*	TP (true positive)	FN (false negative)
Wert	*Nein*	FP (false positive)	TN (true negative)

$$acc = \frac{\text{Anzahl der korrekt klassifizierten Objekte}}{\text{Anzahl aller Objekte}}$$

Im Beispiel erhält man $error = \frac{1}{20} = 0.05$ und $acc = \frac{19}{20} = 0.95$.

Bei zwei Klassen, wird oft eine als *ja* oder *wahr* (TRUE) und die andere als *nein* oder *falsch* (FALSE) bezeichnet. Dann spricht man bei den Fehlklassifikationen von falsch positiven (false positive, FP) und falsch negativen (false negative, FN) Werten; die korrekten heißen entsprechend korrekt positiv (true positive, TP) bzw. korrekt negativ (true negative, TN) (Tab. 8.3).

Im Beispiel der Klassifikation von Steuererklärungen könnte man die Klasse *korrekt* als TRUE bezeichnen.

Für den Klassifikationsfehler und die Accuracy erhält man in diesem Fall die Formeln

$$error = \frac{FN + FP}{TP + FN + FP + TN}$$

und

$$acc = \frac{TP + TN}{TP + FP + TN + FN}.$$

Zur Festlegung des optimalen Wertes für k (Anzahl der nächsten Nachbarn) kann man die Ergebnisse für verschiedene Werte k vergleichen.

Wir führen die Analysen für die Daten aus den Grafiken 8.1 mit R durch:

```
# Die Datei Daten enthaelt in Spalte 1 und 2
# die Koordinaten, in Spalte 3 das Klassenlabel 1,2 oder 3.
# Wir benennen die Labels um:
echte_Klasse        = Daten[,3]
echte_Klasse[cl==1] = "grau"
echte_Klasse[cl==2] = "blau"
echte_Klasse[cl==3] = "gelb"

# Die library class enthaelt die Funktion knn
library(class)
Prognose = knn(Daten[,1:2],Daten[,1:2], echte_Klasse,k=7,
               use.all=FALSE)

# Konfusionsmatrix:
```

```
tab = table(echte_Klasse,Prognose)
tab
```

```
##              Prognose
## echte_Klasse blau gelb grau
##         blau    4    0    1
##         gelb    0    5    0
##         grau    0    0   10
```

8.2   *k*-nächste Nachbarn für Regression

8.2.1   Vorgehensweise

Bei der Regressionsfragestellung geht man wie folgt vor:

- Man fasst die k nächsten Nachbarn zusammen, wobei man nur die Einflussgrößen (die x-Werte) bei den Distanzen berücksichtigt. Dabei gehört der aktuelle Punkt selbst nicht zu den Nachbarn.
- Aus den Werten der Zielgröße (y) bildet man den (eventuell gewichteten) Mittelwert $\hat{y}$.

Abb. 8.2 knn-Prognosewerte für k=3 und k = 7

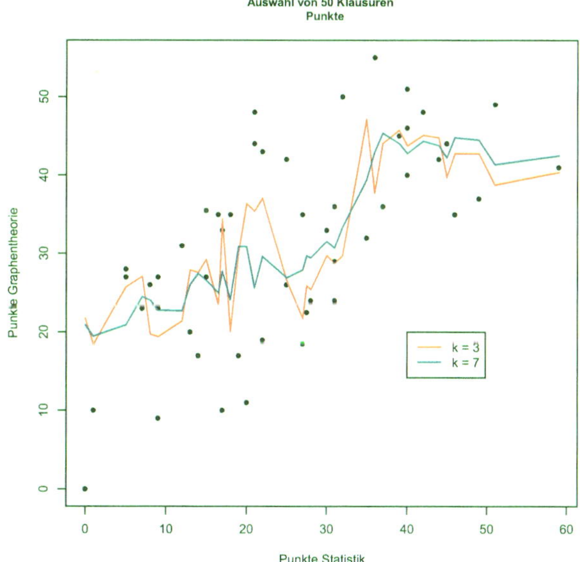

In der Grafik 8.2 ist das Vorgehen im zweidimensionalen Koordinatensystem veranschaulicht, d. h. es wird nur eine Einflussgröße x betrachtet. Im Beispiel handelt es sich um Punkteanzahlen von Klausuren in Graphentheorie und Statistik. Den tatsächlichen Punkteanzahlen (schwarze Punkte) sind die knn-Prognosewerte $\hat{y}$ für $k = 3$ (in rot) und $k = 7$ (in blau) hinzugefügt.

Die knn-Prognosewerte bei $k = 3$ folgen den Nachbarn innerhalb der tatsächlichen Punkte stärker als bei $k = 7$. Allerdings zeigen die Maßzahlen für die Prognosegüte, dass $k = 7$ die bessere Wahl ist.

8.2.2 Prognosegüte

Um die Prognosegüte zu ermitteln, vergleicht man für jedes der n Objekte den tatsächlichen y_i −Wert mit dem Prognosewert $\hat{y}_i$, $i = 1, \ldots, n$.

Man bildet folgende Maßzahlen:

1. PRESS: **PR**ediction **E**rror **S**um of **S**quares
   die Summe der quadratischen Abweichungen zwischen geschätztem ($\hat{y}_i$) und tatsächlichem Wert (y_i):

$$PRESS = \sum_{i=1}^{n} \left(y_i - \hat{y}_i\right)^2$$

2. RMSE (Root Mean Square Error), die Wurzel aus der mittleren quadratischen Abweichung:

$$\sqrt{\frac{1}{n} \sum_{i=1}^{n} (y_i - \widehat{y_i})^2}$$

   Hier wird die Anzahl der Beobachtungen berücksichtigt.
3. das Bestimmtheitsmaß für Vorhersagen:

$$R^2_{prediction} = 1 - \frac{PRESS}{SS_{\text{Total}}} = 1 - \frac{\sum_{i=1}^{n} \left(y_i - \hat{y}_i\right)^2}{\sum_{i=1}^{n} (y_i - \overline{y})^2}$$

Der Quotient beschreibt das Verhältnis der Abweichungen der tatsächlichen Werte von den Prognosewerten zu den Abweichungen der tatsächlichen Werte vom Mittelwert $\overline{y}$, SS_{Total} (s. Grafik 8.3). Je kleiner der Quotient ist, umso stärker sind die Prognosewerte der einfachen Mittelwertbildung überlegen, die Maßzahl $R^2_{prediction}$ wird dadurch größer. Die Maßzahl ist normiert, es gilt $0 \leq R^2_{prediction} \leq 1$

Abb. 8.3 k = 7, Abweichungen der Prognosepunkte von den tatsächlichen Punkten

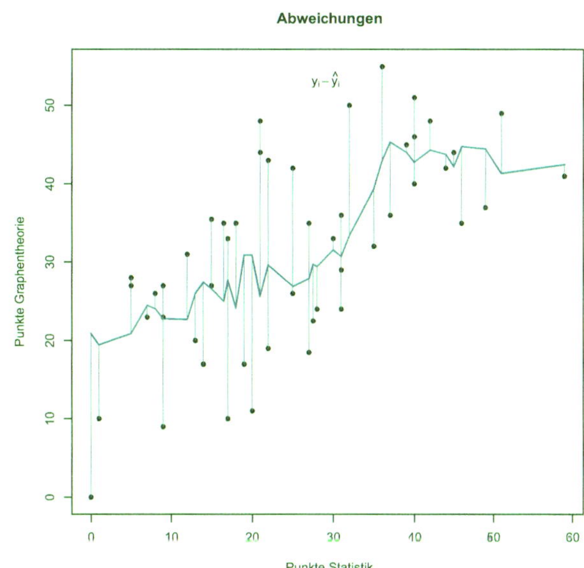

8.2.3 Beispiel

Wir führen die Analysen für die Klausurdaten mit R durch:

```
Klausurauswahl = read.table("Verzeichnis/Klausurauswahl.txt",
                            header=TRUE)
attach(Klausurauswahl)

 #
 # Die library FNN stellt Funktionen für
 # knn-Regression zur Verfügung
 library(FNN)

#---------------------------------
 # k = 3 nächste Nachbarn
 kreg3 = knn.reg(STAT,y=GT,k=3) # x,y

 n = length(GT)

 # PRESS:
 sum((GT-kreg3$pred)^2)
## [1] 5296.5

 # Dafür gibt es natürlich auch eine Funktion:
 PRESS = kreg3$PRESS
 PRESS
```

```
## [1] 5296.5

 RMS = sqrt(PRESS/n) # root mean square error
 RMS
## [1] 10.29223
 kreg3$R2Pred          # R^2-prediction
## [1] 0.3205177


#----------------------------------
 # dasselbe für k = 7
 # k = 7 nächste Nachbarn
 kreg7 = knn.reg(STAT,y=GT,k=7) # x,y

 sum((GT-kreg7$pred)^2)
## [1] 4815.699

 PRESS = kreg7$PRESS
 PRESS
## [1] 4815.699

 RMS = sqrt(PRESS/n)
 RMS
## [1] 9.813969

 kreg7$R2Pred
## [1] 0.3821991

 #-------------------------------------------------
 # k = 7 erzielt bessere Ergebnisse als k = 3
 #-------------------------------------------------
```

Die Maßzahl $PRESS$ und damit auch RMS sowie $R^2_{prediction}$ zeigen für $k = 7$ bessere
Werte als für $k = 3$. Auch hier gilt, dass eine Überanpassung (Overfitting) vermieden werden
sollte; dies wird allgemein durch ein größeres k erreicht.

   Die Grafik 8.2 erhält man wie folgt:

```
# grafische Darstellung

plot(GT~STAT,pch=20,xlab="Punkte Statistik",
     ylab="Punkte Graphentheorie",
         main="Auswahl von 50 Klausuren  \n Punkte",cex.main=0.9)
points(STAT, kreg3$pred, xlab="y",col="red",pch=20,
                         type="l",lwd=2)
points(STAT, kreg7$pred, xlab="y",col="blue",pch=20,
                         type="l",lwd=2)
legend(40,20, c("k = 3", "k = 7"), col = c("red","blue"),
                         lty = c(1,1))
```

Bei der Regressionsanalyse geht es darum, ein Modell für die Abhängigkeit der quantitativen Zielgröße von einem oder mehreren anderen quantitativen Merkmalen – den Einflussgrößen – zu erstellen. Für die Prognose wird dann das Modell benutzt, auf die Lerndaten wird nicht mehr zugegriffen; es handelt sich also um ein Modell-basiertes Verfahren.

Für das Modell wird eine Funktionsgleichung – die sogenannte Regressionsgleichung aus den Lerndaten erstellt. Es kann sich dabei um eine Gleichung mit einer oder mehreren Einflussgrößen handeln; es können lineare, polynomiale, exponenzielle Abhängigkeiten oder Kombinationen hiervon beschrieben werden. Auch ganz beliebige Funktionsarten sind einsetzbar. Wir betrachten nur die klassischen Ansätze, also lineare, polynomiale und ganz kurz auch exponzielle Funktionen.

Bei den Regressionsgleichungen mit mehreren Einflussgrößen stellt sich die Frage, wieviel der (potenziellen) Merkmale ins Modell aufgenommen werden sollen. Dieselbe Frage stellt sich bei Polynomen, wobei es hier um den Grad des Polynoms geht. Zur Beantwortung dieser Frage wird eine Maßzahl vorgestellt, das Akaike-Informationskriterium, der AIC-Wert.

Dieses Kapitel kann in seiner Kürze nur einen ersten Einblick in die Regressionsanalyse liefern, wir behandeln das Thema rein deskriptiv, also beschreibend. Die Thematik der Tests und tiefergehende Analyseverfahren werden hier nicht beschrieben.

9.1   Lineare Regression mit einer Einflussvariablen

Wir greifen das Beispiel der Klausurdaten aus dem Kapitel der knn-Regression auf. Es geht jetzt darum, die Abhängigkeit der erzielten Punkte in der Graphentheorieklausur von den Punkten in der Statistikklausur durch eine Funktion zu beschreiben. Im Kapitel der knn-Regression wurde aus Gründen der Übersichtlichkeit nur ein Teil der Daten betrachtet, jetzt werden alle Daten einbezogen.

© Springer Fachmedien Wiesbaden GmbH, ein Teil von Springer Nature 2020   107
M. von der Hude, *Predictive Analytics und Data Mining*,
https://doi.org/10.1007/978-3-658-30153-8_9

Abb. 9.1 Regressionsgerade
mit einigen Abweichungen

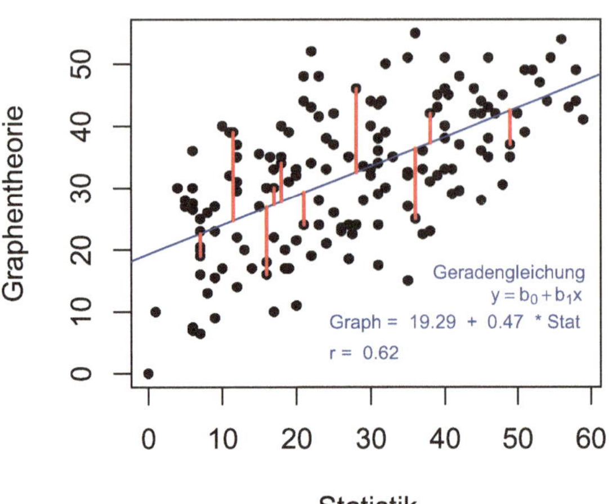

In der Grafik 9.1 ist ein linearer Zusammenhang erkennbar, jedoch streuen die Daten sehr stark. Der Korrelationskoeffizient ist $r = 0.62$.

Wir betrachten den einfachsten Fall einer Regressionsfunktion, eine lineare Funktion, also eine Geradengleichung

$$y = b_0 + b_1 \cdot x + e.$$

b_0, der Achsenabschnitt auf der y–Achse und b_1, die Steigung, heißen Regressionskoeffizienten, e gibt die Abweichungen der Punkte von der Geraden wieder.

Die Grafik 9.1 enthält die Gerade, die nach der Methode der kleinsten Quadrate die beste Anpassung an die Daten liefert. Bei dieser Methode werden b_0 und b_1 so bestimmt, dass die Summe der quadrierten Abweichungen der y_i–Werte von den zugehörigen Prognosewerten $\hat{y}_i$ auf der Geraden minimal wird, es handelt sich also um senkrechte Abweichungen. Einige dieser Abweichungen sind ebenfalls der Grafik zu entnehmen.

Bei der Minimierung wird die Summe der quadrierten Abweichungen der y–Werte von der Geraden als Funktion von b_0 und b_1 aufgefasst, es werden die partiellen Ableitungen nach diesen Termen gebildet und Null gesetzt. Hieraus erhält man zwei Gleichungen mit den Unbekannten b_0 und b_1, die sogenannten Normalgleichungen, die zu folgender Lösung führen:

$$b_1 = \frac{\sum\limits_{i=1}^{n} x_i \cdot y_i - n \cdot \bar{x} \cdot \bar{y}}{\sum\limits_{i=1}^{n} x_i^2 - n \cdot \bar{x}^2}$$

$$b_0 = \bar{y} - b_1 \cdot \bar{x}$$

Hierbei bezeichnet n die Anzahl der Datenpaare (x_i, y_i) und
$\overline{x} = \frac{1}{n} \sum x_i$ sowie
$\overline{y} = \frac{1}{n} \sum y_i$ die Mittelwerte der $x-$ und $y-$Variablen.

Wir führen die Regressionsanalyse mit R durch:

```
# GT:    Graphentheorie
# STAT: Statistik
Gerade = lm(GT~STAT)  # Es wird das Ergebnisobjekt der
                      # linearen Regression erzeugt.
Gerade                # Die Regressionskoeffizienten
                      # werden ausgegeben.
##
## Call:
## lm(formula = GT ~ STAT)
##
## Coefficients:
## (Intercept)          STAT
##     19.2949        0.4725


plot(GT ~ STAT, pch=20,xlab="Statistik",
    ylab="Graphentheorie",main="Klausur Punkte",cex.main=0.9)
abline(Gerade,col="blue") # fuegt der Punktwolke die Gerade hinzu
```

Der Aufruf `lm(GT ~ STAT)` erzeugt ein Ergebnisobjekt, das neben vielen anderen Informationen die Regressionskoeffizienten enthält.

`Intercept` gibt den Achsenabschnitt b_0 an, der Koeffizient von `STAT`, also die Steigung b_1, ist mit `STAT` überschrieben.

Wir erhalten demnach die Geradengleichung

$$\hat{y} = 19.2949 + 0.4725 \cdot x,$$

$$\text{bzw.}$$

$$\widehat{GT} = 19.2949 + 0.4725 \cdot STAT$$

Durch den Aufruf `summary(gerade)` bekommt man viele zusätzliche Informationen zur Regressionsanalyse, auf die hier nicht eingegangen wird.[1] Als einzige Maßzahl betrachten wir hier das Bestimmtheitsmaß `Multiple R-squared`. Dies entspricht im Wesentlichen der Maßzahl $R^2_{\text{Prediction}}$, die bereits beim knn-Verfahren betrachtet wurde. Der Unterschied besteht darin, dass beim knn-Verfahren der aktuelle Punkt (x_i, y_i) nicht bei der Prognose von $\hat{y}_i$ einbezogen war; bei der klassischen Regressionsanalyse wird jedoch jeder Punkt aus

---

[1] In der Statistik geht man davon aus, dass es einen „wahren" funktionalen Zusammenhang gibt, den man jedoch aus den Lerndaten nur schätzen kann, dass die Gleichung aus den Lerndaten also eine Schätzung (Estimate) dieses Zusammenhangs ist. Die Eigenschaften der Schätzung können auf verschiedenste Arten untersucht werden, die dem `summary` zu entnehmen sind.

den Lerndaten bei der Modellerstellung berücksichtigt, d. h. dass der aktuelle Punkt (x_i, y_i) bei der Prognose von $\hat{y}_i$ beteiligt war.

Wir bezeichnen das Bestimmtheitsmaß hier mit R^2.

$$R^2 = 1 - \frac{\sum_{i=1}^{n} (y_i - \hat{y}_i)^2}{\sum_{i=1}^{n} (y_i - \overline{y})^2}$$

```
summary(Gerade)
##
## Call:
## lm(formula = GT ~ STAT)
##
## Residuals:
##      Min       1Q    Median       3Q       Max
## -20.8316  -6.5139    0.4482   6.1592   22.3106
##
## Coefficients:
##               Estimate Std. Error t value Pr(>|t|)
## (Intercept) 19.29489    1.50120   12.853   <2e-16 ***
## STAT         0.47248    0.04819    9.805   <2e-16 ***
## ---
## Signif. codes:  0 '***' 0.001 '**' 0.01 '*' 0.05 '.' 0.1 ' ' 1
##
## Residual standard error: 8.994 on 156 degrees of freedom
## Multiple R-squared:  0.3813, Adjusted R-squared:  0.3773
## F-statistic: 96.13 on 1 and 156 DF,  p-value: < 2.2e-16
```

Der niedrige Wert `Multiple R-squared` $= R^2 = 0{,}38$ spiegelt die starke Streuung der Punkte um die Regressionsgerade wieder.

Für die lineare Regression mit einer unabhängigen Variablen gilt:

$$R^2 = r^2,$$

d. h. in diesem Fall ist das Bestimmtheitsmaß R^2 gleich dem Quadrat des Korrelationskoeffizienten r.

Im Gegensatz zum Korrelationskoeffizienten, der nur für die Bewertung der Güte einer linearen Anpassung geeignet ist, kann das Bestimmtheitsmaß auch für andere Funktionszusammenhänge genutzt werden.

9.1.1 Bestimmtheitsmaß zum Vergleich verschiedener Modellansätze

Wir vergleichen für ein abstraktes Datenbeispiel das Bestimmtheitsmaß für zwei Funktionsansätze.

Wir generieren Daten, die um eine Exponenzialfunktion streuen.

```
x  = seq(0,3,by=0.3)
n = length(x)
eps = rnorm(n,0,2.5) # Zufallsabweichungen

# Exponentialfunktion
y = 3 * exp(x) + eps
```

Zunächst wird der lineare Funktionsansatz betrachtet.

```
lin = lm(y~x)  # lineare Funktion, Gerade
summary(lin)
##
## Call:
## lm(formula = y ~ x)
##
## Residuals:
##      Min       1Q   Median       3Q      Max
## -10.0871  -6.0755  -0.4326   3.9822  14.9648
##
## Coefficients:
##              Estimate Std. Error t value Pr(>|t|)
## (Intercept)    -4.324      4.847  -0.892 0.395581
## x              16.602      2.731   6.079 0.000184 ***
## ---
## Signif. codes:  0 '***' 0.001 '**' 0.01 '*' 0.05 '.' 0.1 ' ' 1
##
## Residual standard error: 8.593 on 9 degrees of freedom
## Multiple R-squared:  0.8042, Adjusted R-squared:  0.7824
## F-statistic: 36.96 on 1 and 9 DF,  p-value: 0.0001838
```

Wir erhalten die (gerundete) Geradengleichung

$$\hat{y} = -4.32 + 16.60 \cdot x, \quad R^2 = 0.80$$

Jetzt wird die Exponzialfunktion erstellt.[2]

```
#--------------------------
erglog = lm(y~I(exp(x)))  # Exponenzialfunktion
summary(erglog)
##
## Call:
## lm(formula = y ~ I(exp(x)))
```

---

[2]Wir gehen hier nicht auf die Syntax ein, es wird auf den sehr umfangreichen Hilfetext verwiesen.

```
##
## Residuals:
##     Min      1Q  Median      3Q     Max
## -3.3209 -2.2454 -0.1106  1.4854  3.8577
##
## Coefficients:
##             Estimate Std. Error t value Pr(>|t|)
## (Intercept)   0.6484     1.1679   0.555    0.592
## I(exp(x))     2.9373     0.1296  22.660 3.01e-09 ***
## ---
## Signif. codes:  0 '***' 0.001 '**' 0.01 '*' 0.05 '.' 0.1 ' ' 1
##
## Residual standard error: 2.548 on 9 degrees of freedom
## Multiple R-squared:  0.9828, Adjusted R-squared:  0.9809
## F-statistic: 513.5 on 1 and 9 DF,  p-value: 3.011e-09
```

Wir erhalten die (gerundete) Funktionsgleichung

$$\hat{y} = 0.65 + 2.94 \cdot e^x, \quad R^2 = 0.98$$

Das Bestimmtheitsmaß ist bei der Exponenzialfunktion (in der Grafik 9.2 rechts) mit $R^2 = 0.98$ deutlich größer als bei der linearen Funktion (9.2, links). Die Exponenzialfunktion ist viel besser an die Daten angepasst als die lineare Funktion, die Abweichungen $y_i - \hat{y}_i$ (in der Grafik rot dargestellt) sind viel geringer.

Viele weitere Funktionsansätze wie z. B. Polynome können mit der Funktion lm untersucht werden. (lm bedeutet „lineares Modell". Hiermit sind jedoch nicht nur lineare Funktionen gemeint, sondern die Bezeichnung bezieht sich auf die Darstellbarkeit der Zusammenhänge durch Vektoren und Matrizen, also Konstrukten aus der linearen Algebra.)

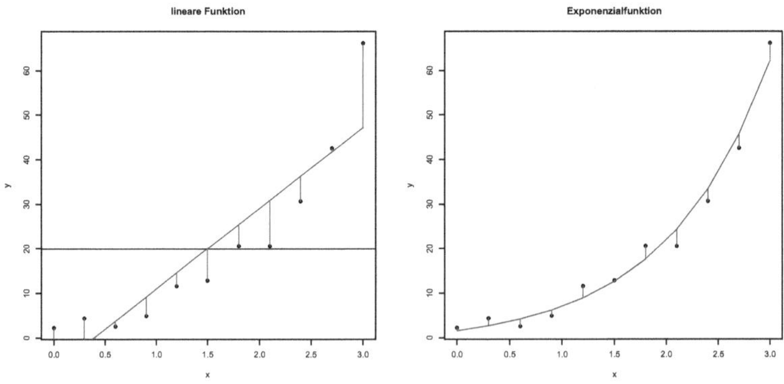

Abb. 9.2 Abweichungen der Datenpunkte von den Prognosewerten bei linearer Regressionsgleichung (links) und Exponenzialfunktion (rechts)

9.2   Polynomiale Regression mit einer Einlussvariablen

Mit Polynomen können gekrümmte Funktionsverläufe sehr gut dargestellt bzw. approximiert werden.

Die Gleichung für ein Polynom $k-$ten Grades mit Abweichungen e lautet

$$y = b_0 + b_1 x + b_2 x^2 + \ldots + b_k x^k + e.$$

Die Grafik 9.3 zeigt ein Polynom zweiten Grades.

Die Ermittlung der Koeffizienten $b_0, \ldots, b_k$ aus den Daten erfolgt wieder nach dem Prinzip der kleinsten Quadrate.

Je höher der Grad des Polynoms ist, umso besser passt sich die Funktion an die Punkte an. Bedenkt man jedoch, dass die Daten meistens zufallsbehaftet sind, so werden bei einer sehr engen Anpassung auch die aktuellen Zufallsabweichungen im Modell erfasst, dieses ist daher nicht gut für die Prognose bei neuen Daten geeignet. Man spricht in diesem Fall wiederum von Überanpassung – Overfitting.

In der Grafik 9.4 sind an sechs Punkte Polynome ersten bis fünften Grades angepasst; beim Polynom fünften Grades handelt es sich um ein Interpolationspolynom, es gibt keine Abweichungen mehr, das Bestimmtheitsmaß ist $R^2 = 1$. Die Bestimmtheitsmaße zeigen, dass ein Polynom zweiten oder dritten Grades eine recht gute Anpassung darstellt.

Abb. 9.3 Polynom 2-ten Grades mit Abweichungen

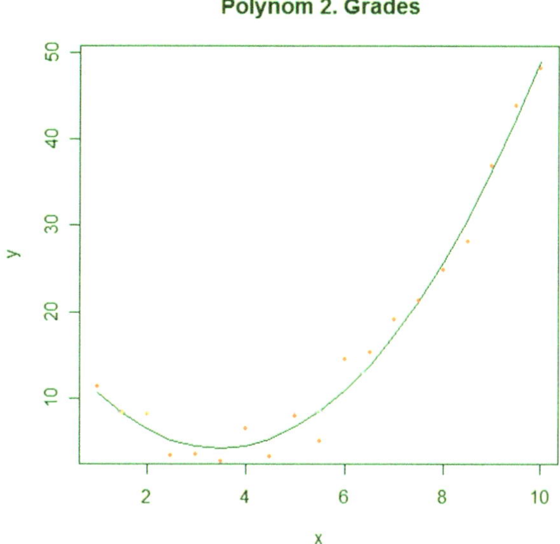

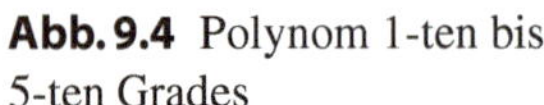

Abb. 9.4 Polynom 1-ten bis
5-ten Grades

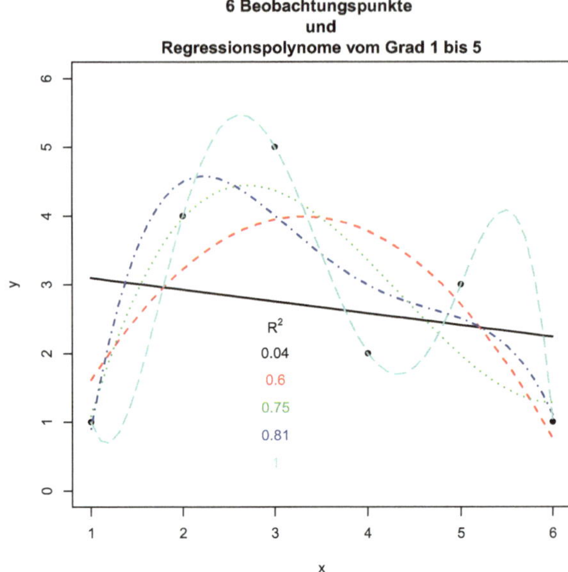

9.3   Multiple Regression

Wird mehr als eine unabhängige Einflussvariable betrachtet, so spricht man von Mehrfachregression oder multipler Regression.

9.3.1   Modellbeschreibung

Zunächst betrachten wir ein Modell mit k Einflussvariablen, die additiv wirken:

$$y = b_0 + b_1 x_1 + b_2 x_2 + \ldots + b_k x_k + e$$

Die Darstellung des Modells mit $k = 2$ Einflussvariablen entspricht einer Ebene im dreidimensionalen Raum (Abb. 9.5).

Bei den Einflussvariablen $x_1, \ldots, x_k$ kann es sich um k unterschiedliche Merkmale handeln, die linear wirken; bei Autos könnte man die Abhängigkeit des Benzinverbrauchs von deren Eigenschaften wie dem Hubraum usw. untersuchen. Es wäre auch möglich, einige der Eigenschaften zu transformieren, beispielsweise zu quadrieren oder zu logarithmieren, und diese zusätzlich ins Modell aufzunehmen, es muss sich also nicht unbedingt um k unterschiedliche Merkmale handeln, die linear ins Modell eingehen. Die polynomiale Regression ist damit ein Spezialfall der multiplen Regression. Es ist auch möglich, kategoriale Einflussvariablen ins Modell einzubeziehen. Bei K Kategorien erzeugt man $K - 1$ sogenannte

Abb. 9.5 Ebene als
Regressionsfunktion mit
Abweichungen

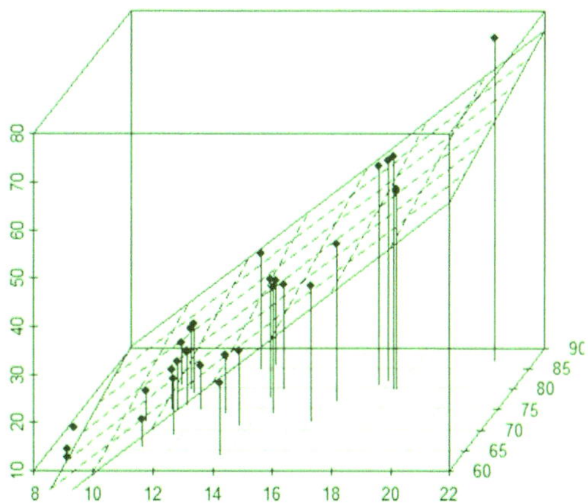

Dummy-Variablen (mit den Werten 0 und 1). Gehört ein Objekt zur Kategorie K, so enthält die zugehörige Dummy-Variable eine 1, ansonsten eine 0. $K - 1$ Dummy-Variablen reichen aus, da sich die Zugehörigkeit eines Objekts zur letzten Kategorie ergibt, wenn alle Dummy-Variablen den Wert 0 haben.

Bei den Koeffizienten in der Regressionsfunktion ist zu beachten:

- Erhöht man das Merkmal x_j um eine Einheit, und hält alle anderen Merkmale konstant, so erhöht sich die Prognose für die Zielgröße y um $b_j x_j$ Einheiten. So wird sich der Benzinverbrauch erhöhen, wenn man ein schwereres Auto im Vergleich zu einem leichteren betrachtet.
- Die Größen der Koeffizienten sind von den Maßeinheiten der zugehörigen Einflussgrößen abhängig, d. h. sie sind nicht unmittelbar als Maß für die Wichtigkeit der Einflussgrößen geeignet.
- Die Interpretation der einzelnen Koeffizienten ist auch deshalb schwierig, weil man beispielsweise für den Koeffizienten b_1 unterschiedliche Werte erhalten kann, je nachdem, ob x_2 im Modell ist oder nicht. Dieses Phänomen tritt auf, wenn die Merkmale x_1 und x_2 korreliert sind. Bei geplanten Experimenten kann man die einzelnen Versuche so arrangieren, dass dieses Problem nicht auftritt, bei gesammelten Daten wie z. B. den Autodaten ist dies jedoch nicht möglich. Bei stark korrelierten Einflussgrößen ändert sich jedoch an den Prognosewerten $\hat{y}_i$ selbst meist wenig, wenn eine der Einflussgrößen aus dem Modell entfernt wird.

9.3.2 Variablenselektion

Geht es um die Prognose von Werten für neue Objekte, beispielsweise um den Benzinverbrauch neuer Autotypen, so sollte das Prognosemodell so zuverlässig aber auch so einfach wie möglich sein. Hat man ein „sparsames Modell" mit wenigen Einflussvariablen ermittelt, so benötigt man auch für die Prognose nur diese wenigen Informationen.

Als Maßzahl für die Güte der Anpassung einer Funktion an die Daten hatten wir das Bestimmtheitsmaß R^2 kennengelernt. Dieses Maß ist jedoch für die Suche nach einem „sparsamen Modell" ungeeignet, da es nicht kleiner wird, wenn ein Merkmal hinzugefügt wird. Selbst Zufallszahlen, die nichts mit der Zielgröße y zu tun haben, verringern R^2 nicht.

Besser geeignet ist das Akaike Informationskriterium (AIC):

$$AIC = \ln \left(\frac{1}{n-p} \sum_{i=1}^{n} (\hat{y}_i - y_i)^2 \right) + 2 \cdot \frac{p}{n}$$

Hierbei bedeuten:

p die Anzahl der Koeffizienten und damit der Variablen im Modell

n die Anzahl der Daten (Beobachtungen)

Auf die Theorie, die der Formel zugrundeliegt, wird hier nicht eingegangen. Man kann aber erkennen,

- dass eine gute Anpassung der Funktion an die Daten zu einer kleinen Summe $\sum_{i=1}^{n} (\hat{y}_i - y_i)^2$ führt, und damit das Gesamtergebnis reduziert;
- dass eine große Anzahl von Beobachtungen n das Ergebnis ebenfalls reduziert;
- dass jedoch eine große Anzahl von Parametern wie z. B. Koeffizienten von Variablen oder Polynomtermen das Ergebnis vergrößert, die Anzahl p wird also „strafend" berücksichtigt.

Wenn der AIC-Wert kleiner wird, wenn eine Variable, ein Polynomterm o. ä. hinzugefügt wird, kann man von einer Verbesserung des Modells ausgehen. Tritt keine Reduktion ein, so wird die Vergrößerung von p nicht durch die Reduktion der Summe der quadrierten Abweichungen kompensiert, der Term verbessert das Modell nicht.

Zur Auswahl des nach diesem Kriterium besten Modells geht man wie folgt vor:

1. Man erstellt ein Modell das die Merkmale enthält, die man für sinnvoll erachtet, am besten nach Visualisierung der Zusammenhänge anhand einer Grafik.
2. Man entfernt jeweils einen Term (ein Merkmal oder einen Polynomterm o. ä.) und vergleicht die AIC-Werte. Hat sich der AIC-Wert verringert, so wird der Term aus dem Modell endgültig entfernt.

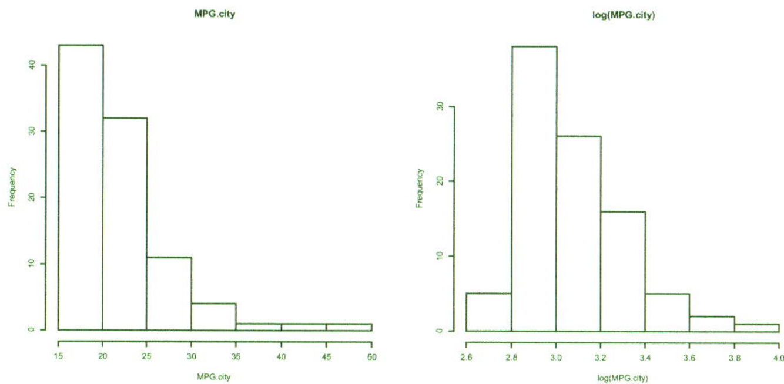

Abb. 9.6 Histogramm des Merkmals `MPG.city`

9.3.3 Beispiel

Wir betrachten wieder die Datei Cars93. Es soll die funktionale Abhängigkeit des Benzinverbrauchs `MPG.city` von sechs anderen quantitativen Merkmalen untersucht werden.

```
library(MASS)
data(Cars93)
quanti = Cars93[,c(7,12,13,19,20,21,25)]
```

Bevor die Regressionsanalyse durchgeführt wird, sehen wir uns zunächst die Verteilung der Zielgröße `MPG.city` mit Hilfe eines Histogramms an. (Grafik 9.6, links).

```
hist(MPG.city,main="MPG.city")
hist(log(MPG.city),main="log(MPG.city)")
```

Die Verteilung ist sehr schief; es gibt sehr viele kleine und relativ wenige große Werte[3]. Besser ist es, die Daten mit dem Logarithmus zu transformieren, um sie zu entzerren (Grafik 9.6, rechts), da sonst die wenigen größeren Werte als sogenannte „Hebelpunkte" den Verlauf der Regressionsfunktion besonders stark beeinflussen könnten. Auch die logarithmierten Werte sind noch etwas schief, aber sie sind deutlich entzerrt im Vergleich zu den Originaldaten.

Wir arbeiten mit den logarithmierten Werten von `MPG.city` und betrachten die Streudiagramme :

```
# Die Spalten 2 bis 7 werden als x-Variablen ausgewaehlt.
# names gibt den Spaltennamen an
for (i in 2:7){
  plot(log(MPG.city) ~ quanti[,i],pch=20,xlab=names(quanti)[i])
  title(names(quanti)[i])
}
```

---

[3]Große Werte geben bei der Maßeinheit *miles per gallon* einen niedrigen Benzinverbrauch wieder.

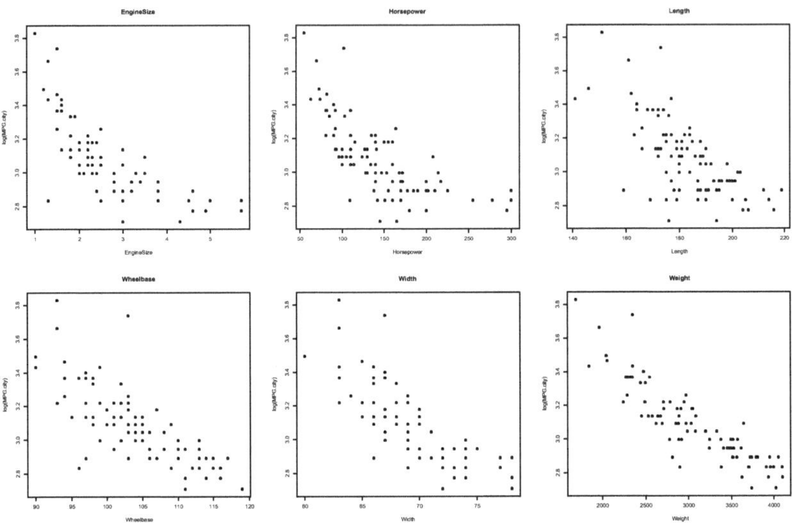

Abb. 9.7 Streudiagramme, Zielgröße: `MPG.city`

Einige der Grafiken 9.7 deuten auf nichtlineare Abhängigkeiten hin. Wir erzeugen einfach für jede potenzielle Einflussgröße die quadrierten Werte, fügen alle Spalten zu einem
Dataframe zusammen und nehmen auch alle ins Modell auf.

```
EngineSize.quadrat  = EngineSize **2
Horsepower.quadrat  = Horsepower ** 2
Length.quadrat      = Length **2
Wheelbase.quadrat   = Wheelbase **2
Width.quadrat       = Width **2
Weight.quadrat      = Weight ** 2

D = data.frame(MPG.city,EngineSize, EngineSize.quadrat,
               Horsepower,Horsepower.quadrat,Length,
               Length.quadrat,Wheelbase,Wheelbase.quadrat,
               Width,Width.quadrat,Weight,Weight.quadrat)

vollesModell = lm(log(MPG.city) ~ .,data=D)
# log(MPG.city) ~ . bedeutet:
# log(MPG.city) in Abhaengigkeit von allen anderen in D


summary(vollesModell)

##
## Call:
## lm(formula = log(MPG.city) ~ ., data = D)
##
```

```
## Residuals:
##        Min       1Q    Median       3Q       Max
## -0.168938 -0.049179 -0.004843  0.047507  0.289807
##
## Coefficients:
##                        Estimate Std. Error t value Pr(>|t|)
## (Intercept)          -4.188e+00  4.530e+00  -0.925 0.357949
## EngineSize           -5.296e-03  8.683e-02  -0.061 0.951514
## EngineSize.quadrat   -1.728e-03  1.211e-02  -0.143 0.886842
## Horsepower           -6.541e-04  1.556e-03  -0.420 0.675306
## Horsepower.quadrat    2.042e-06  4.134e-06   0.494 0.622697
## Length               -6.586e-03  2.124e-02  -0.310 0.757336
## Length.quadrat        1.961e-05  5.657e-05   0.347 0.729732
## Wheelbase             2.562e-01  8.226e-02   3.114 0.002560 **
## Wheelbase.quadrat    -1.183e-03  3.855e-04  -3.068 0.002941 **
## Width                -8.163e-02  1.476e-01  -0.553 0.581784
## Width.quadrat         5.527e-04  1.054e-03   0.524 0.601557
## Weight               -1.560e-03  3.383e-04  -4.613 1.49e-05 ***
## Weight.quadrat        1.925e-07  5.192e-08   3.708 0.000384 ***
## ---
## Signif. codes:  0 '***' 0.001 '**' 0.01 '*' 0.05 '.' 0.1 ' ' 1
##
## Residual standard error: 0.09138 on 80 degrees of freedom
## Multiple R-squared:  0.8551, Adjusted R-squared:  0.8334
## F-statistic: 39.35 on 12 and 80 DF,  p-value: < 2.2e-16
```

Der Spalte Estimate sind die Koeffizienten der Terme zu entnehmen. Wie bereits erwähnt, ist jedoch die Größe der Koeffizienten nicht aussagekräftig, da die Merkmale nicht skaliert sind, und hier insbesondere die quadrierten Werte sehr groß werden können.[4]

Wir schließen also die Analyse durch die AIC-Werte an. Mit der Funktion step kann die Selektion der wichtigsten Terme durchgeführt werden. Um den Ablauf zu erläutern, werden nur die ersten beiden Zwischenschritte sowie der letzte ausgegeben.

```
bestesModell = step(vollesModell)
```

```
## Start:  AIC=-433.04
## log(MPG.city) ~ EngineSize + EngineSize.quadrat +
##     Horsepower + Horsepower.quadrat + Length +
##     Length.quadrat + Wheelbase + Wheelbase.quadrat +
##     Width + Width.quadrat + Weight + Weight.quadrat
##
##                     Df Sum of Sq     RSS     AIC
## - EngineSize         1  0.000031 0.66812 -435.04
## - EngineSize.quadrat 1  0.000170 0.66826 -435.02
```

---

[4]Die Wichtigkeit der Terme könnte hier schon mit einem statistischen t-Test untersucht werden. Die Signifikanz der Koeffizienten ist der Anzahl der Sterne in der letzten Spalte zu entnehmen.

```
## - Length              1  0.000803 0.66889 -434.93
## - Length.quadrat       1  0.001004 0.66909 -434.90
## - Horsepower           1  0.001476 0.66956 -434.84
## - Horsepower.quadrat   1  0.002038 0.67012 -434.76
## - Width.quadrat        1  0.002295 0.67038 -434.72
## - Width               1  0.002554 0.67064 -434.69
## <none>                            0.66809 -433.04
## - Wheelbase.quadrat    1  0.078606 0.74669 -424.70
## - Wheelbase            1  0.080988 0.74907 -424.40
## - Weight.quadrat       1  0.114793 0.78288 -420.30
## - Weight              1  0.177678 0.84576 -413.11
##
```

Der AIC-Wert des kompletten Modells beträgt -433.04. Dieser Wert ist selbst nicht sehr aussagekräftig, aber für den Vergleich mit Modellen mit weniger Termen ist er gut geeignet.

Das Entfernen aller Terme, die oberhalb der Zeile <none> stehen, führt zu einer Reduktion des AIC, die stärkste Reduktion erfolgt durch das Streichen der Engine Size. Dieser Term wird als einziger im nächsten Schritt entfernt. Man sieht, dass nun EngineSize.quadrat, was zuerst an zweiter Stelle stand, nun weiter unten steht. Solche Änderungen in der Reihenfolge hängen mit Korrelationen zwischen den Einflussgrößen zusammen. Streicht man eine von zwei stark korrelierten Einflussgrößen, so wird die verbleibende wichtiger für die Prognosegüte. Auf die Ausgabe der Korrelationsmatrix wird hier verzichtet.

```
## Step:  AIC=-435.04
## log(MPG.city) ~ EngineSize.quadrat + Horsepower +
##     Horsepower.quadrat + Length + Length.quadrat +
##     Wheelbase + Wheelbase.quadrat + Width +
##     Width.quadrat + Weight + Weight.quadrat
##
##                      Df Sum of Sq     RSS     AIC
## - Length              1  0.000778 0.66889 -436.93
## - Length.quadrat       1  0.000978 0.66909 -436.90
## - Horsepower           1  0.001562 0.66968 -436.82
## - Horsepower.quadrat   1  0.002168 0.67028 -436.74
## - Width.quadrat        1  0.002327 0.67044 -436.71
## - Width               1  0.002588 0.67070 -436.68
## - EngineSize.quadrat   1  0.004003 0.67212 -436.48
## <none>                            0.66812 -435.04
## - Wheelbase.quadrat    1  0.080649 0.74876 -426.44
## - Wheelbase            1  0.083073 0.75119 -426.14
## - Weight.quadrat       1  0.120729 0.78885 -421.59
## - Weight              1  0.194450 0.86257 -413.28
##
```

$\vdots$

weitere Zwischenschritte

$\vdots$

```
## Step:  AIC=-447.06
## log(MPG.city) ~ Wheelbase + Wheelbase.quadrat + Weight +
##                 Weight.quadrat
##
##                         Df Sum of Sq     RSS     AIC
## <none>                              0.68251 -447.06
## - Wheelbase.quadrat  1    0.13133 0.81384 -432.69
## - Wheelbase          1    0.13981 0.82232 -431.73
## - Weight.quadrat     1    0.26162 0.94414 -418.88
## - Weight             1    0.44960 1.13211 -401.99
```

```
summary(bestesModell)
```

```
##
## Call:
## lm(formula = log(MPG.city) ~ Wheelbase + Wheelbase.quadrat +
##     Weight + Weight.quadrat, data = D)
##
## Residuals:
##       Min        1Q    Median        3Q       Max
## -0.173071 -0.046365 -0.009666  0.044188  0.284194
##
## Coefficients:
##                    Estimate Std. Error t value Pr(>|t|)
## (Intercept)      -6.469e+00  2.678e+00  -2.416   0.0178 *
## Wheelbase         2.365e-01  5.571e-02   4.246 5.39e-05 ***
## Wheelbase.quadrat -1.093e-03  2.657e-04  -4.115 8.70e-05 ***
## Weight           -1.705e-03  2.239e-04  -7.614 2.83e-11 ***
## Weight.quadrat    2.112e-07  3.636e-08   5.808 9.88e-08 ***
## ---
## Signif. codes:  0 '***' 0.001 '**' 0.01 '*' 0.05 '.' 0.1 ' ' 1
##
## Residual standard error: 0.08807 on 88 degrees of freedom
## Multiple R-squared:  0.852,  Adjusted R-squared:  0.8453
## F-statistic: 126.7 on 4 and 88 DF,  p-value: < 2.2e-16
```

Im letztendlich ausgewählten Modell bleiben nur zwei Merkmale übrig, und zwar `Wheelbase` (der Achsenabstand) und `Weight` (das Gewicht), jeweils mit den linearen und den quadrierten Termen.[5] Die Gleichung lautet

$$\widehat{\texttt{MPG.city}} = -6.46 + 2.37 \cdot 10^{-1} \cdot \texttt{Wheelbase} - 1.09 \cdot 10^{-3} \cdot \texttt{Wheelbase}^2$$
$$- 1.71 \cdot 10^{-3} \cdot \texttt{Weight} + 2.11 \cdot 10^{-7} \cdot \texttt{Weight}^2$$

Das Bestimmtheitsmaß dieses reduzierten Modells ($R^2 = 0.852$) unterscheidet sich kaum von dem des Modells mit allen Termen ($R^2 = 0.855$).

Weitere Variablenselektionsmöglichkeiten und Ausblick

Die Auswahl des Modells mit dem AIC-Wert stellt ein sehr gebräuchliches Verfahren dar; es gibt aber viele alternative Herangehensweisen, wie z. B.:

- forward selection
  Man startet mit dem Modell ohne Einflussgrößen – dieses gibt als Prognosewert nur den Mittelwert der Zielgröße an – und fügt in jedem Schritt die jeweils „beste Variable" hinzu. Das kann diejenige sein, die den größten Zuwachs beim Bestimmtheitsmaß R^2 liefert oder die, die bei einem statistischen Anpassungstest das beste Ergebnis erzielt.
- stepwise selection
  Es wird jeweils die „beste Variable" hinzugefügt und die jeweils „schlechteste" entfernt. Hierbei können durch Korrelationen zuvor hinzugefügte Variablen wieder herausfallen.
- Trainings- und Testmenge
  Man unterteilt die Lerndaten in sogenannte Trainings- und Testdaten. Mit den Trainingsdaten erstellt man Modelle, vergleicht die Prognosegüten dieser Modelle auf den Testdaten z. B. mit dem Bestimmtheitsmaß oder dem RMSE (root mean square error) und wählt das beste Modell aus.
  Diese Herangehensweise wird bei vielen Verfahren zur Auswahl des besten Modells eingesetzt. Es steckt die Idee dahinter, dass die Prognose auf den Testdaten, die an der Modellerstellung nicht beteiligt waren, eine ähnliche Güte hat wie bei „echten" Daten, auf die das Modell zukünftig angewendet werden soll. Beim Prinzip der Trainings- und Testdaten gibt es verschiedene Varianten, die später im Kapitel Klassifikations- und Regressionsbäume im Detail erläutert werden.

Die in diesem Kapitel behandelten Inhalte bieten nur einen kleinen Einblick in das sehr umfangreiche Gebiet der Regressionsanalyse. Weiter oben wurde bereits darauf

---

[5]Vergleicht man dieses Ergebnis mit den Sternen, die mit dem t-Test erzeugt wurden, so stellt man Übereinstimmung fest. Die beiden Verfahren führen oft, aber nicht immer zu exakt demselben Ergebnis.

hingewiesen, dass man in der klassischen Statistik davon ausgeht, dass das aus den aktuellen Daten erstellte Modell eine Schätzung für ein tatsächliches Modell ist, ein Modell, das man ermitteln könnte, wenn man beliebig viele Daten hätte und den tatsächlichen Funktionstyp kennen würde.

Um die Unsicherheit zu quantifizieren, werden aus den vorhanden Daten für die Regressionskoeffizienten und auch für die Prognosewerte Konfidenz- bzw. Prognoseintervalle aufgestellt. Das sind Intervalle, die mit einer vorgegebenen Wahrscheinlichkeit, beispielsweise 95 %, die „wahren" Regressionskoeffizienten enthalten können, bzw. in denen ein Prognosewert liegen kann. Schmale Intervalle lassen auf eine hohe Präzision schließen. Die Herleitung der Intervalle basiert auf theoretischen Verteilungsannahmen für die Zufallsabweichungen. Diese in Statistikbüchern im Detail beschriebenen Ansätze werden hier nicht behandelt. Stattdessen sollen die aus dem maschinellen Lernen stammenden Verfahren zum Einsatz kommen, bei denen die vorhandenen Daten -wie bei der Variablenselektion bereits beschrieben- in Trainings- und Testdaten aufgeteilt werden. Dieser Ansatz wird im Kapitel über Klassifikationsbäume im Detail beschrieben.

Im Anschluss an das Kapitel über Klassifikationsbäume werden Regressionsbäume behandelt, sie stellen ein weiteres Modell-basiertes Verfahren zur Prognose von quantitativen Werten dar.

Auch bei der logistischen Regression handelt es sich um ein Modell-basiertes Verfahren. Wie bei der klassischen Regressionsanalyse wird eine Regressionsgleichung zur Prognose der Zielgröße bei neuen Objekten erstellt, jedoch ist die Zielgröße jetzt qualitativ, d. h. es sollen Klassenzugehörigkeiten, Klassenlabels, prognostiziert werden. Bei der binären logistischen Regression handelt es sich um zwei Klassen, die multinomiale logistische Regression stellt die Erweiterung auf mehr als zwei Klassen dar. In diesem Buch wird nur der binäre Fall behandelt.

10.1   Modellbeschreibung

Im klassischen Regressionsmodell

$$y = b_0 + b_1 x_1 + b_2 x_2 + \ldots + b_k x_k + e$$

wird eine quantitative Zielgröße betrachtet, die theoretisch jeden beliebigen reellen Zahlenwert annehmen kann. (Praktisch ist der Prognosebereich des Merkmals oft auf positive Werte beschränkt, wie z. B. bei der Prognose von Benzinverbrauchswerten.)

Bei der logistischen Regression wird der Prognosebereich auf das Intervall [0, 1] eingeschränkt, da die Wahrscheinlichkeit einer Klassenzugehörigkeit prognostiziert werden soll.[1] Daraus wird dann auf die Klassenzugehörigkeit geschlossen. Wir bezeichnen die beiden Klassen mit 0 bzw. 1.

---

[1] Formal handelt es sich um eine bedingte Wahrscheinlichkeit: Bei Objekten, die durch m Merkmale $X_1, \ldots, X_m$ beschrieben werden, kann man die bedingte Wahrscheinlichkeit wie folgt schreiben:

$$p = P(\text{Klasse} = 1 | (X_1, \ldots, X_m) = (x_1, \ldots, x_m))$$

Diese Schreibweise wird beim naiven Bayes-Verfahren besonders wichtig sein.

© Springer Fachmedien Wiesbaden GmbH, ein Teil von Springer Nature 2020
M. von der Hude, *Predictive Analytics und Data Mining*,
https://doi.org/10.1007/978-3-658-30153-8_10

Um zu gewährleisten, dass die Prognosewerte $\hat{y}$ im Bereich [0, 1] liegen, wird die sogenannte Logit-Transformation für die Wahrscheinlichkeiten p durchgeführt. Dadurch ist es möglich, mit der Regressionsfunktion zunächst beliebige reelle Zahlenwerte zu prognostizieren, die sogenannten Logits der Wahrscheinlichkeiten. Anschließend führt die Rücktransformation der Logits zu den gewünschten Wahrscheinlichkeiten. Der Logit einer Wahrscheinlichkeit ist definiert durch

$$z = logit\,(p) = log\,\left(\frac{p}{1-p}\right).$$

Der Quotient $\frac{p}{1-p}$ gibt die sogenannte Chance an (englisch: *odd*), beispielsweise kann die Chance 50 % zu 50 % sein oder 70 % zu 30 %.

Die Logit-Transformation stellt eine Hintereinanderausführung zweier Abbildungen dar:

$$p \;\mapsto\; odd(p) = \frac{p}{1-p} \;\mapsto\; log(odd(p)) = log\left(\frac{p}{1-p}\right)$$

Die erste Abbildung $p \mapsto odd(p)$ ist eine Funktion von [0, 1) nach (0, ∞), der Wert $p = 1$ ist ausgeschlossen (s. Grafik 10.1, links).

Die zweite Abbildung $odd(p) \mapsto log(odd(p))$ ist eine Funktion von (0, ∞) nach $(-\infty, \infty)$.

In der rechten Grafik 10.1 ist die verkettete Funktion

$$p \mapsto log\left(\frac{p}{1-p}\right) \quad \text{dargestellt.}$$

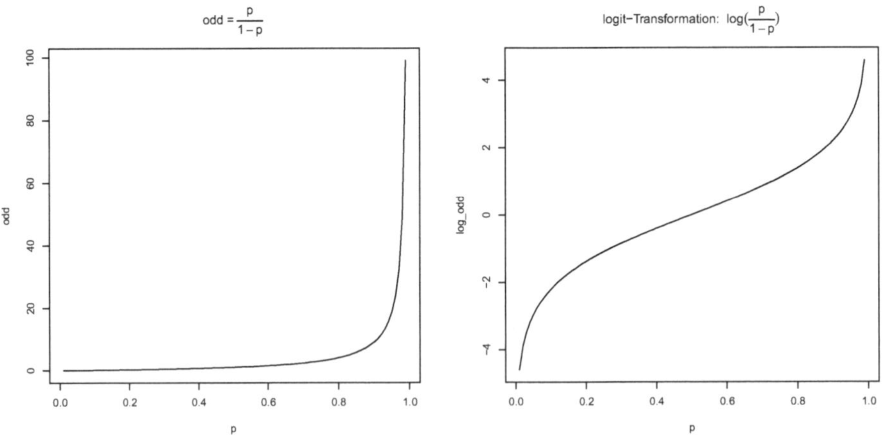

Abb. 10.1 Logit-Funktion als Verkettung zweier Funktionen

Der klassische Regressionsansatz wird nun ersetzt durch den Ansatz[2]

$$z = logit\,(p) = b_0 + b_1 x_1 + b_2 x_2 + \ldots + b_k x_k.$$

Hat man die Parameter b_i aus den Daten ermittelt, so kann man daraus die z-Werte berechnen und durch Rücktransformation auf die Klassenwahrscheinlichkeiten p zurückschließen.

Die Rücktransformation von

$$z = logit\,(p) = log\left(\frac{p}{1-p}\right) = b_0 + b_1 x_1 + b_2 x_2 + \ldots + b_k x_k$$

ist zunächst

$$e^z = \frac{p}{1-p} = e^{b_0 + b_1 x_1 + b_2 x_2 + \ldots + b_k x_k} = e^{b_0} e^{b_1 x_1} \ldots e^{b_k x_k}$$

und im zweiten Schritt

$$p = \frac{1}{1 + e^{-z}} = \frac{1}{1 + e^{-(b_0 + b_1 x_1 + b_2 x_2 + \ldots + b_k x_k)}}.$$

Diese Gleichung ist nicht so einfach interpretierbar wie beim klassischen Regressionsmodell, jedoch kann man folgende Zusammenhänge erkennen:

- Falls z sehr groß wird, nähert sich p dem Wert 1, denn es gilt

$$e^{-z} \overset{z \to \infty}{\longrightarrow} 0 \Rightarrow \frac{1}{1 + e^{-z}} \to 1$$

- Falls z sehr klein wird, nähert sich p dem Wert 0, denn es gilt

$$e^{-z} \overset{z \to -\infty}{\longrightarrow} \infty \Rightarrow \frac{1}{1 + e^{-z}} \to 0$$

Die Abhängigkeit des *Logits* z von den Einflussvariablen $x_1, \ldots, x_k$ kann der Gleichung

$$e^z = \frac{p}{1-p} = e^{b_0 + b_1 x_1 + b_2 x_2 + \ldots + b_k x_k} = e^{b_0} e^{b_1 x_1} \ldots e^{b_k x_k}$$

entnommen werden:

Die Erhöhung einer Einflussvariablen x_j um eine Einheit und Konstanthalten der anderen Variablen bewirkt die Veränderung der Chance $\frac{p}{1-p}$ um den Faktor $f = e^{b_j}$, denn es gilt

---

[2]Aus Gründen der Übersichtlichkeit werden in der Modellgleichung die Zufallsabweichungen e weggelassen; ausserdem wird auf die Schreibweise mit dem Dach $\hat{z}$ bzw. $\hat{p}$ verzichtet. Trotzdem sollte nicht vergessen werden, dass es hier sich stets um Werte handelt, die aus den vorliegenden Daten ermittelt – in der Sprache der Statistik also geschätzt wurden.

$$\frac{p}{1-p} = e^{b_0+b_1x_1+\ldots+b_j(x_j+1)+\ldots+b_kx_k}$$

$$= e^{b_0} \cdot e^{b_1x_1} \cdot \ldots \cdot e^{b_jx_j} \cdot e^{b_j} \ldots \cdot e^{b_kx_k}$$

$$= \frac{p}{1-p} \cdot e^{b_j}.$$

Es kann sich bei x_j um eine quantitative Einflussvariable handeln. So könnte z. B. untersucht werden, wie sich das Alter von Personen auf die Zielgröße auswirkt. Es könnte aber auch eine qualitative Einflussvariable wie beispielsweise das Geschlecht betrachtet werden. Sind die Kategorien in üblicher Weise durch 0 und 1 oder auch durch 1 und 2 kodiert, so bedeutet die Erhöhung um eine Einheit den Übergang von einer Kategorie zur anderen, also beispielsweise den Vergleich zwischen männlichen und weiblichen Personen.

10.2 Schätzung der Modellparameter

Für die Bestimmung der Parameter b_i, $i = 0, \ldots, k$ wird ein in der Statistik sehr gebräuchliches Prinzip angewendet, das Maximum-Likelihood-Prinzip, es wird die sogenannte *Likelihoodfunktion* maximiert. Die *Likelihoodfunktion* ist eine Abbildung der Parameter b_i, $i = 0, \ldots, k$ auf die Wahrscheinlichkeit mit der die beobachteten Daten auftreten können. Man sucht die Parameter, die diese Wahrscheinlichkeit maximieren, bei denen die beobachteten Daten also besonders plausibel sind.

Beim klassischen Regressionsmodell werden die Parameter der Gleichung so bestimmt, dass dadurch die Summe der quadrierten Abweichungen von der Regressionskurve bzw. -fläche minimal wird. Für die Suche nach dem Minimum können die Nullstellen der partiellen Ableitungen der Abweichungsfunktion nach den Parametern durch Lösen eines Gleichungssystems exakt analytisch bestimmt werden. Diese einfache Vorgehensweise ist jedoch eine Ausnahme. Bei der logistischen Regression erfolgt die Suche nach dem Maximum der Likelihoodfunktion iterativ, da die Nullstellen der partiellen Ableitungen nach den Parametern nicht immer analytisch gefunden werden können.

10.3 Beispiel

Als Klassifikationsbeispiel betrachten wir die Fragestellung, ob eine Steuererklärung korrekt ist, oder ob falsche Angaben gemacht wurden. Wenn sich dies bereits mit Hilfe verschiedener Merkmale der steuerpflichtigen Personen prognostizieren ließe, müsste das Finanzamt nicht mehr alle Steuererklärungen überprüfen sondern könnte sich auf die „verdächtigen" beschränken.

Für das Beispiel wurde die Datei `Steuer` erzeugt. Es handelt sich um fiktive Daten, die auf der Datei `audit` aus der `library rattle` basieren, die jedoch modifiziert und dabei vereinfacht wurden.

Die Datei enthält 4000 Datensätze mit den Merkmalen

Steuererklaerung	Korrekt/falsch
Geschlecht	Maennlich/weiblich
Familienstand	Nicht verheiratet/verheiratet
Berufsstatus	Angestellt/selbstaendig
Alter	
Wo_Stunden	(Wochenarbeitszeit in Stunden)

Wir führen die Analysen mit R durch.

Zunächst werden die Daten vorbereitet. Anschließend sollen Grafiken erstellt werden, um Abhängigkeiten der Zielgröße `Steuererklaerung` von den anderen Merkmalen zu finden.

```
Steuer = read.table("Verzeichnis/Steuer.csv",
                    header=TRUE,sep=",")
sum(is.na(Steuer))
## [1] 15

# Es gibt 15 fehlende Werte. Wir schliessen die Zeilen komplett
# aus:
Steuer = na.omit(Steuer)
attach(Steuer)
```

Die Kategorien werden automatisch nach dem Alphabet bei 1 beginnend kodiert, also *falsch* = 1, *korrekt* = 2. Damit die Wahrscheinlichkeiten für falsche Steuererklärungen im Fokus stehen, erfolgt Umkodierung in *korrekt* = 0 und *falsch* = 1, bei den anderen kategorialen Variablen ist die Kodierung egal.

```
Steuererklaerung.f = factor(as.numeric(Steuererklaerung) %% 2)
                                            # modulo 2
# Labels neu vergeben:
levels(Steuererklaerung.f) = c("korrekt","falsch")
```

Grafische Analyse

Zunächst erstellen wir Grafiken, um die Zusammenhänge zu visualisieren. Die Funktion `crosstab` aus der `library descr` erstellt Tabellen und Grafiken. Hier werden nur die Grafiken dargestellt, da man darauf sehr gut die Proportionen erkennen kann.

```
library(descr)

Farben = c("lightgreen","coral")
```

```
crosstab(Steuererklaerung.f,Familienstand,prop.c=T,
       col = Farben)

crosstab(Steuererklaerung.f,Berufsstatus,prop.c=T,
       col = Farben)
crosstab(Steuererklaerung.f,Geschlecht,prop.c=T,
       col = Farben)
```

Aus den Grafiken 10.2 wird deutlich, dass der Anteil der korrekt ausgefüllten Steuererklärungen generell überwiegt. Jedoch ist dieser Anteil deutlich geringer in der Gruppe der verheirateten Personen im Vergleich zu den nicht verheirateten; vergleicht man den Anteil bei den selbständigen mit dem bei den nichtselbständigen Personen, so findet man dieselbe Verlagerung. Etwas weniger deutlich fällt der Unterschied zwischen den männlichen und weiblichen Steuerpflichtigen aus.

Die Abhängigkeit der Korrektheit der Steuererklärung von den quantitativen Einflussvariablen Alter und Wochenarbeitsstunden kann auf verschiedene Art grafisch dargestellt werden. In den Grafiken 10.3 oben sind die Verteilungen der Variablen durch Violinplots dargestellt. Bei den Wochenstunden ist im linken Plot deutlich zu erkennen, dass es nur ganzzahlige Stundenwerte gab. Eine leichte Verschiebung der Verteilung nach oben ist in der Gruppe der Personen mit inkorrekter Steuererklärung zu erkennen. Die Grafik 10.3 links unten, ein Dichteplot, d. h. ein geglättetes Histogramm, zeigt dies auch. Die rechten Grafiken 10.3 zeigen eine stärkere Abhängigkeit vom Alter, in der Gruppe der Personen mit inkorrekter Steuererklärung befinden sich mehr ältere Personen als in der anderen Gruppe.

```
library(ggplot2)

ggplot(data=Steuer, aes(y=Alter,x=Steuererklaerung.f))+
  geom_violin() + labs(title=" ",y="Alter", x = "      ")

ggplot(Steuer, aes(Alter, fill=Steuererklaerung.f)) +
  geom_density(alpha=.6) +
  scale_fill_manual(values = c('lightgreen','coral'))

ggplot(data=Steuer, aes(y=Wo_Stunden,x=Steuererklaerung.f))+
  geom_violin() + labs(title=" ",y="Wochenstunden", x = "       ")
```

Abb. 10.2 Mosaikplots

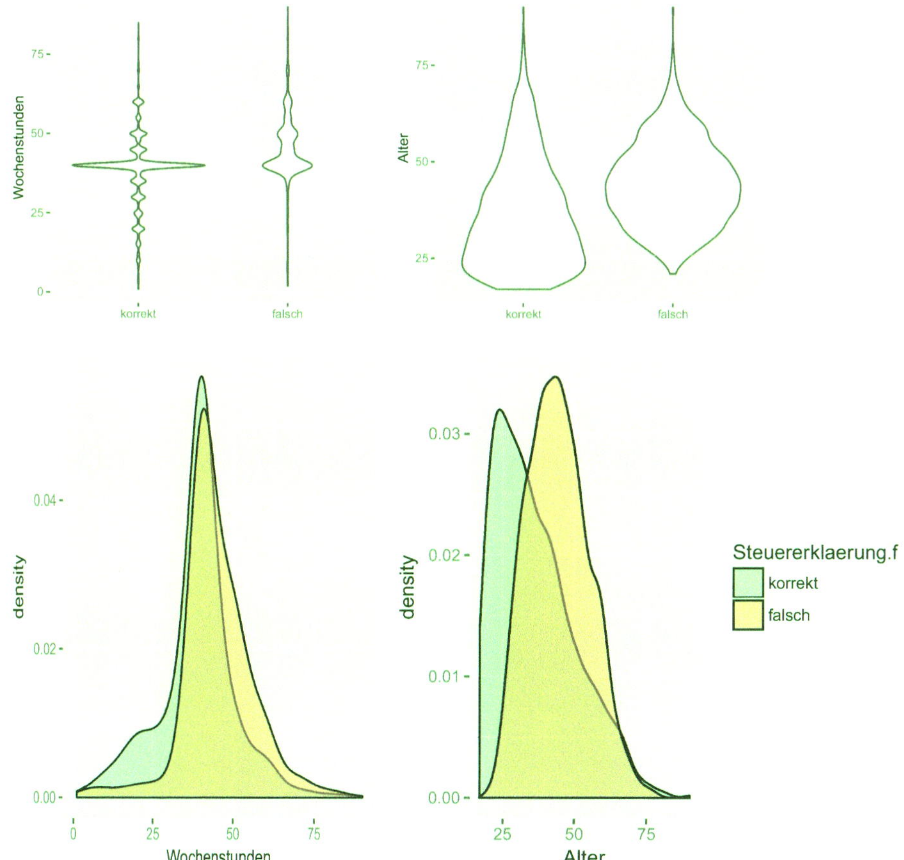

Abb. 10.3 Mosaikplots

```
ggplot(Steuer, aes(Wo_Stunden, fill=Steuererklaerung.f)) +
  geom_density(alpha=.6,bw=4) +
  scale_fill_manual(values = c('lightgreen','coral'))+
  theme(legend.position = "none")+
  labs(x = "Wochenstunden")
```

Wir nehmen alle Einflussvariablen ins logistische Modell auf, betrachten die Modell-
parameter und führen anschließend eine Variablenselektion – wie beim klassischen Regressionsmodell – durch.

Das Modell mit allen Einflussvariablen

```
mod1 = glm(Steuererklaerung.01 ~ Familienstandf_ +
          Berufsstatusf_ + Geschlecht + Wo_Stunden + Alter,
          family=binomial)
summary(mod1)
```

glm bedeutet *generalized linear model,* verallgemeinertes lineares Modell. Beim klassischen linearen Modell geht man davon aus, dass die Zufallsabweichungen normalverteilt sind. Bei der logistischen Regression gibt der Aufruf family=binomial an, dass die Anzahl der gefälschten Steuererklärungen bei einer festen Kombination der Einflussvariablen, z.B. (*verheiratet, selbständig, weiblich, Wochenstunden=40, Alter=45*) als binomialverteilt angenommen wird.

```
##
## Call:
## glm(formula = Steuererklaerung.01 ~ Familienstandf_ +
##                 Berufsstatusf_ + Geschlecht +
##                 Wo_Stunden + Alter, family = binomial)
##
## Deviance Residuals:
##     Min       1Q   Median       3Q      Max
## -2.0802  -0.6632  -0.2722  -0.1449   2.9312
##
## Coefficients:
##                       Estimate Std. Error z value Pr(>|z|)
## (Intercept)          -5.730971   0.291234 -19.678  < 2e-16 ***
## Familienstandf_verh   2.218372   0.118071  18.788  < 2e-16 ***
## Berufsstatusf_selbst  1.427316   0.096550  14.783  < 2e-16 ***
## Geschlechtweiblich   -0.093070   0.128263  -0.726    0.468
## Wo_Stunden            0.034046   0.004313   7.893 2.94e-15 ***
## Alter                 0.031180   0.003740   8.337  < 2e-16 ***
## ---
## Signif. codes:  0 '***' 0.001 '**' 0.01 '*' 0.05 '.' 0.1 ' ' 1
##
## (Dispersion parameter for binomial family taken to be 1)
##
##     Null deviance: 4274.8  on 3984  degrees of freedom
## Residual deviance: 3044.1  on 3979  degrees of freedom
## AIC: 3056.1
##
## Number of Fisher Scoring iterations: 5
```

Die letzte Zeile gibt an, dass 5 Iterationsschritte für die Bestimmung der Parameter erforderlich waren, dies hängt allerdings von der geforderten Genauigkeit ab. (Die Defaulteinstellung kann dem Hilfetext entnommen werden).

Bevor wir die Variablenselektion durchführen und die endgültige Modellgleichung erstellen, betrachten wir das Ergebnis des kompletten Modells. Die Parameter sind jeweils bezeichnet mit dem Namen der Variablen. Bei den kategorialen Variablen ist der Name ab der zweiten Stufe bei alphabetischer Sortierung angefügt, z. B. Geschlechtweiblich.

Abgesehen vom Intercept b_0 haben alle Parameter ein positives Vorzeichen mit Ausnahme von Geschlechtweiblich. Da ein Parameter b_j den Faktor e^{b_j} der Chancen bei Übergang von einer Kategorie zur anderen $\frac{p}{1-p} \cdot e^{b_j}$ bestimmt, ist zu erkennen, dass bei den weiblichen Personen die Chance, die Steuererklärung zu fälschen geringer ist als bei den männlichen Personen, bei den anderen Variablen ist die Chance bei der dargestellten Kategorie erhöht. Auch ein höheres Alter sowie mehr Wochenarbeitsstunden ziehen eine größere Fälschungschance nach sich. Diese Ergebnisse wurden bereits durch die Grafiken 10.2 belegt.

Variablenselektion

Es folgt die Suche nach einem sparsamen Modell. Normalerweise wird die Selektion bei der logistischen Regression mit Hilfe der *Deviance* durchgeführt; diese Maßzahl wird hier jedoch nicht behandelt. Stattdessen betrachten wir wieder – wie bei der klassischen Regressionsanalyse – den AIC-Wert. Die Verfahren können zu etwas abweichenden Ergebnissen kommen, im allgemeinen erzielen sie jedoch identische Resultate.

```
step(mod1)
```

```
## Start:  AIC=3056.06
## Steuererklaerung.01 ~ Familienstandf_ + Berufsstatusf_ +
##                       Geschlecht + Wo_Stunden + Alter
##
##                   Df Deviance    AIC
## - Geschlecht       1   3044.6 3054.6
## <none>                 3044.1 3056.1
## - Wo_Stunden       1   3109.3 3119.3
## - Alter            1   3114.4 3124.4
## - Berufsstatusf_   1   3271.1 3281.1
## - Familienstandf_  1   3484.0 3494.0
##
## Step:  AIC=3054.59
## Steuererklaerung.01 ~ Familienstandf_ + Berufsstatusf_ +
##                       Wo_Stunden + Alter
##
##                   Df Deviance    AIC
## <none>                 3044.6 3054.6
## - Wo_Stunden       1   3114.8 3122.8
```

```
## - Alter            1   3115.6 3123.6
## - Berufsstatusf_    1   3271.1 3279.1
## - Familienstandf_   1   3601.0 3609.0
```

Das Variable *Geschlecht* wird nach dem Kriterium des AIC als nicht relevant eingestuft und aus dem Modell entfernt.

```
mod2 = glm(Steuererklaerung.01 ~ Familienstandf_ +
                              Berufsstatusf_ +
Wo_Stunden + Alter,
family=binomial)
summary(mod2)
```

```
##
## Call:
## glm(formula = Steuererklaerung.01 ~ Familienstandf_ +
##              Berufsstatusf_ + Wo_Stunden + Alter,
##       family = binomial)
##
## Deviance Residuals:
##     Min       1Q   Median       3Q      Max
## -2.0847  -0.6598  -0.2723  -0.1450   2.9537
##
## Coefficients:
##                      Estimate Std. Error z value Pr(>|z|)
## (Intercept)          -5.805534   0.273404 -21.234  < 2e-16 ***
## Familienstandf_verh   2.253601   0.108056  20.856  < 2e-16 ***
## Berufsstatusf_selbst  1.424304   0.096419  14.772  < 2e-16 ***
## Wo_Stunden            0.034643   0.004237   8.176 2.93e-16 ***
## Alter                 0.031294   0.003736   8.376  < 2e-16 ***
## ---
## Signif. codes:  0 '***' 0.001 '**' 0.01 '*' 0.05 '.' 0.1 ' ' 1
##
## (Dispersion parameter for binomial family taken to be 1)
##
##     Null deviance: 4274.8  on 3984  degrees of freedom
## Residual deviance: 3044.6  on 3980  degrees of freedom
## AIC: 3054.6
##
## Number of Fisher Scoring iterations: 5
```

Die Modellgleichung lautet

$$z = log\left(\frac{p}{1-p}\right)$$
$$= -5.81 + 2.25 \cdot \texttt{Familienstand} + 1.42 \cdot \texttt{Berufsstatus}$$
$$+ 0.035 \cdot \texttt{Wochenstunden} + 0.031 \cdot \texttt{Alter}.$$

Die Koeffizienten sind gegenüber denen im kompletten Modell etwas verändert, dies liegt auch hier an den Abhängigkeiten zwischen den Einflussvariablen.

Aus der Tatsache, dass die Koeffizienten positiv sind, kann man schließen, dass die Neigung, die Steuererklärung zu fälschen, erhöht ist bei

- verheirateten Personen im Vergleich zu nicht verheirateten,
- selbständigen im Vergleich zu nicht selbständigen,
- höherer Wochenstundenanzahl
- höherem Alter.

Als Beispiel betrachten wir die Veränderung der Wochenarbeitsstunden:

Eine Erhöhung um eine Stunde bewirkt die Veränderung der Chance $\frac{p}{1-p}$ um den Faktor $e^{0,034643} = 1.035$, 10 Wochenarbeitsstunden mehr bewirken die Veränderung der Chance um den Faktor $e^{0.34643} = 1.414$.

Hier soll nochmals darauf hingewiesen werden, dass es sich um fiktive Daten handelt.

Wir haben uns mit der logistischen Regression auf den Fall zweier Klassen beschränkt. Die Erweiterung auf mehr als zwei Klassen bietet die sogenannte multinomiale Regression. Dies wird jedoch hier ebenfalls nicht behandelt.

Bei Klassifikations- und Regressionsbäumen handelt es sich um ein Modell-basiertes Verfahren. Aus den Lerndaten werden Regeln aufgestellt die angeben, welches Klassenlabel bzw. welcher numerische Wert einem neuen Objekt zugewiesen werden soll. Durch die Regeln werden Prognosebereiche definiert, d. h. die Regeln generieren eine Partition (Zerlegung) des Raumes, der von den Prädiktoren erzeugt wird. Bei zwei quantitativen Prädiktoren wie z. B. dem Alter und den Wochenarbeitsstunden von Personen ist das die Ebene des $\mathbb{R}^2$ (siehe Abb. 11.1). Die Regeln lassen sich durch einen Baum darstellen.

Wie bei allen bisher behandelten Prognoseverfahren müssen auch hier Lerndaten vorhanden sein, bei denen die Klassenlabel bzw. die numerischen Werte der Zielgröße bekannt sind. Wir behandeln zunächst die Klassifikationsfragestellung. In diesem Kapitel werden auch verschiedene Evaluationsmöglichkeiten der Prognosegüte und geeignete Maßzahlen vorgestellt. Im Anschluss werden Regressionsbäume für die Prognose numerischer Werte betrachtet. Den Abschluss bilden *Random Forests*, „Zufallswälder", bei denen verschiedene Bäume für die Prognose kombiniert werden. Diese *Random Forests* sind Spezialfälle von sogenannten *Ensemble Methoden*, bei denen mehrere Prognosemodelle miteinander kombiniert werden.

11.1 Klassifikationsbäume

Als Beispiel für eine Klassifikationsfragestellung wählen wir wieder die Datei der Steuererklärungen. Für die Abb. 11.1 wurden nur die männlichen selbständigen Personen ausgewählt. Für diese Personen wurden die Regeln für das Alter und die wöchentliche Arbeitszeit aufgestellt. Der linken Grafik sind die Regeln für die Zuweisung der Klassenlabel zu entnehmen, rechts ist entsprechende Zerlegung der Ebene dargestellt. Die roten Punkte zeigen

© Springer Fachmedien Wiesbaden GmbH, ein Teil von Springer Nature 2020
M. von der Hude, *Predictive Analytics und Data Mining*,
https://doi.org/10.1007/978-3-658-30153-8_11

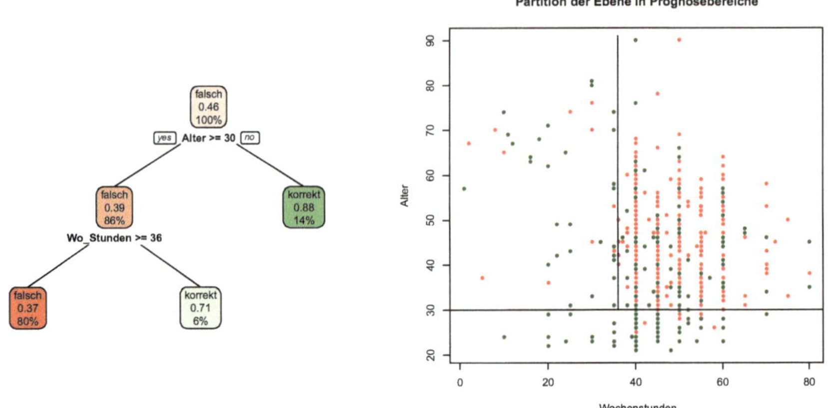

Abb. 11.1 Klassifikationsbaum und entsprechende Zerlegung des zweidimensionalen Raumes

inkorrekte Steuererklärungen. Der Bereich rechts oben enthält besonders viele rote Punkte. Das ist der Bereich der mindestens 30-jährigen, die mindestens 36 h pro Woche arbeiten. Im Klassifikationsbaum entspricht dieser Bereich dem linken unteren Knoten.

11.1.1 Erzeugung des Klassifikationsbaums

Ganz allgemein kann man den Ablauf zur Erzeugung eines Klassifikationsbaums wie folgt beschreiben:

- Die Gesamtheit aller Daten bildet den Wurzelknoten.
- Man versucht, durch fortgesetztes Teilen (Splitten) möglichst reine Knoten zu erhalten, d. h. dass die Knoten möglichst homogen bzgl. der Klassenlabel sein sollen.
  Bei einem Split entstehen aus einem Knoten ein rechter und ein linker Kindknoten.
- Beim Splitten wird jeweils nur ein Merkmal benutzt, dabei wird das Merkmal gewählt, das die größte Homogenität innerhalb der Kindknoten und die größte Heterogenität dazwischen erzeugt.
  Die Maße zur Bewertung der Homogenität bzw. Heterogenität eines Knotens werden weiter unten behandelt.
- Die Anzahl der Splits, also die Baumtiefe, bestimmt die Stärke der Anpassung des Modells an die Lerndaten. Wie bei den anderen modellbasierten Verfahren ist darauf zu achten, dass eine zu starke Anpassung an die Lerndaten – das Overfitting – vermieden werden sollte, da das Modell dann nicht mehr gut auf neue Objekte angewendet werden kann.
  Geeignete Verfahren zur Auswahl der Baumtiefe werden in 11.1.2 behandelt.

Wir benutzen folgende Bezeichnungen:

k:	Anzahl der Klassen
t:	Ein Knoten
t_r:	Rechter Kindknoten
t_l:	Linker Kindknoten
$N(t)$:	Anzahl der Elemente im Knoten t
$N_i(t)$:	Anzahl der Elemente im Knoten t, die zur Klasse i gehören
$\frac{N_i(t)}{N(t)}$:	Relative Häufigkeit von Klasse i in Knoten t
$p_i(t)$:	Wahrscheinlichkeit im Knoten t dafür, dass ein Objekt in Klasse i fällt (geschätzt aus der relativen Häufigkeit $\frac{N_i(t)}{N(t)}$)

In der Datei *Steuererklärungen* enthält der Wurzelknoten alle 4000 Personen der Datei. 909 von ihnen habe eine falsche Steuererklärung abgegeben (Klasse 1), 3091 eine korrekte (Klasse 2). Bei den 2698 Männern sind es 777 bzw. 1921. Damit ist $N(Wurzel) = 4000$, $N(maennlich) = 2698$, $N_1(maennlich) = 777$, $p_1(maennlich) = 777/2698 = 0.289$.

	Falsch	Korrekt	Summe
Maennlich	777	1921	2698
Weiblich	132	1170	1182
Summe	909	3091	4000

11.1.1.1 Heterogenitätsmaße

Die gebräuchlichsten Maße zur Bewertung der Heterogenität in einem Knoten t sind

- die Unreinheit *(Impurity)*, die nur für zwei Klassen betrachtet werden kann $(k = 2)$

$$i(t) = p_1(t) \cdot p_2(t)$$

- das Ginimaß als Verallgemeinerung der Unreinheit auf mehr als zwei Klassen $(k \geq 2)$

$$g(t) = \sum_{i=1}^{k} p_i(t) \cdot (1 - p_i(t)) = \sum_{i=1}^{k} p_i(t) - \sum_{i=1}^{k} p_i(t)^2 = 1 - \sum_{i=1}^{k} p_i(t)^2$$

- sowie die Entropie

$$\eta(t) = -\sum_{i=1}^{k} p_i(t) \cdot \log_2(p_i(t))$$

Falls ein Knoten t völlig homogen bezüglich der Klassenlabel ist, also $p_i(t) = 1$ für eine Klasse i und $p_j(t) = 0$ für die restlichen Klassen gilt, so werden die Maße Unreinheit, Ginimaß und Entropie minimal mit dem Wert 0. Sie werden maximal, wenn in einem Knoten alle Klassen gleichhäufig vertreten sind, also bei maximaler Heterogenität. Bei zwei Klassen erreicht die Entropie dann den Wert 1 (s. Abb. 11.2).

11.1.1.2 Knotensplitting und Zuordnung des Klassenlabels

Ein Knoten mit großer Heterogenität liefert wenig Information bzgl. der Klassenzugehörigkeit bei der Zuordnung neuer Objekte. Das Ziel des Splittens der Knoten ist es, die Heterogenität zu reduzieren, die Information also zu vergrößern.

Bei einem Split s entstehen ein linker und ein rechter Kindknoten t_l und t_r.

Mit $p(t_l)$ bzw. $p(t_r)$ bezeichnen wir den Anteil aller Objekte im Kindknoten t_l bzw. t_r bezogen auf die Anzahl im Elternknoten t.

Der Informationszuwachs bzw. die Reduktion der Heterogenität im Elternknoten t durch den Split s kann bewertet werden, indem man vom Heterogenitätsmaß des Elternknotens die mit $p(t_l)$ bzw. $p(t_r)$ anteilig gewichteten Heterogenitätsmaße der Kindknoten abzieht. Für Unreinheit, Ginimaß und Entropie erhält man

$$\text{Unreinheit} \quad \Delta(t, s) = i(t) - p(t_l) \cdot i(t_l) - p(t_r) \cdot i(t_r)$$
$$\text{Gini} \quad \Delta(t, s) = g(t) - p(t_l) \cdot g(t_l) - p(t_r) \cdot g(t_r)$$
$$\text{Entropy} \quad \Delta(t, s) = \eta(t) - p(t_l) \cdot \eta(t_l) - p(t_r) \cdot \eta(t_r)$$

Das Merkmal mit der größten Reduktion der Heterogenität wird jeweils für den nächsten Split benutzt.

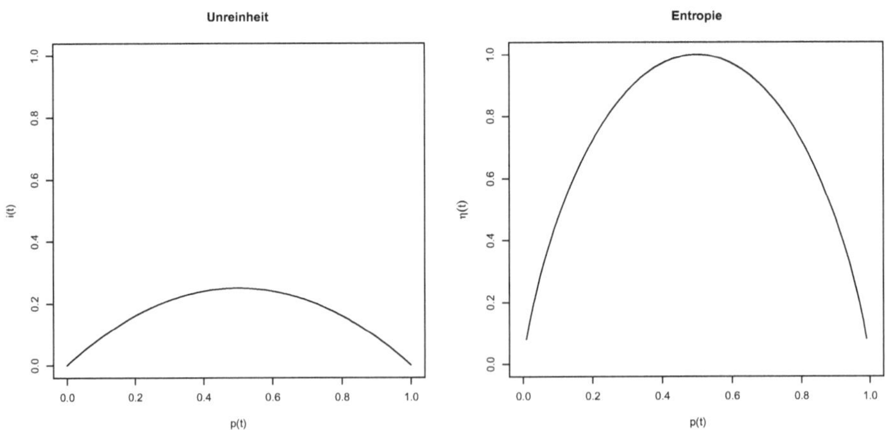

Abb. 11.2 Unreinheit und Entropie

Abb. 11.3 Klassifikationsbaum

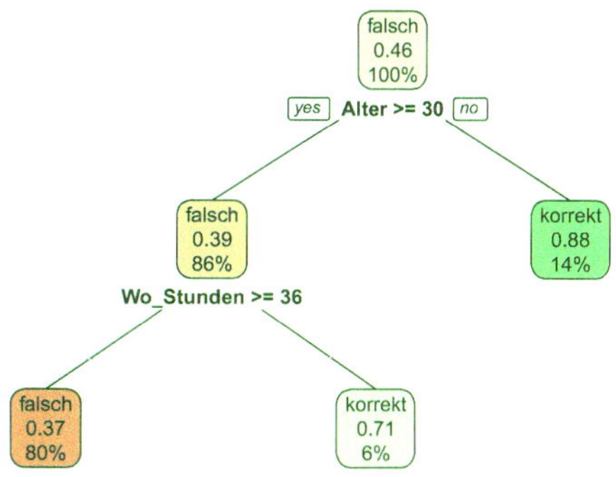

Falls ein Knoten t nicht weiter gesplittet wird, es sich also um einen Endknoten – ein sogenanntes Blatt – handelt, so ordnet man die Objekte dieses Knotens der Klasse i zu, die in t am häufigsten vertreten ist, d. h. man trifft wie beim knn−Verfahren eine Mehrheitsentscheidung *(Majority Vote)*.

Im Beispiel der Steuererklärungen wird (bei reduzierter Datei) der erste Split für das Alter gebildet. Wir lesen die Klassenanteile sowie die Knotenanteile aus der Grafik 11.3 ab und berechnen die Reduktion der Unreinheit. Im Wurzelknoten ist beispielsweise der Klassenanteil $p_{\text{korrekt}}(Wurzel) = 0.46$ ablesbar, sowie $p(Wurzel_l) = 0.86$ bzw. 86 % und $p(Wurzel_r) = 0.14$.

Damit gilt

$$i(Wurzel) = 0.54 \cdot 0.46 = 0.2484$$

$$i(Wurzel_l) = 0.61 \cdot 0.39 = 0.2379$$

$$i(Wurzel_r) = 0.12 \cdot 0.88 = 0.1056$$

$$\Delta(Wurzel, Alter) = i(Wurzel) - p(Wurzel_l) \cdot i(Wurzel_l) - p(Wurzel_r) \cdot i(Wurzel_r)$$

$$= 0.02902$$

Da das Alter für den ersten Split ausgewählt wurde, ist die Reduktion durch diesen Split offenbar größer als wenn man die Wochenarbeitszeit ausgewählt hätte.

Wir erhalten drei Blätter, die nicht weiter gesplittet werden[1]. Beim linken Blatt überwiegen die falschen Steuererklärungen (63 %), bei den beiden rechten Blättern überwiegen die korrekten (71 % bzw. 88 %)[2].

---

[1] Die Baumtiefe und die Wahl des Heterogenitätsmaßes werden hier durch die Standardeinstellungen des Algorithmus bestimmt.

[2] Unreinheit und Entropie wählen manchmal unterschiedliche Splitvariablen aus. Dabei hat das Gini-maß eine höhere Präferenz für gleichgroße Kindknoten.

11.1.1.3 Wieviel Möglichkeiten zum Splitting gibt es bei einem Merkmal?

Wir unterscheiden zwei Fälle:

- Fall 1:
  Das Merkmal besteht aus $m = 2$ Ausprägungen (z. B. Farbe blau, braun)
  Dann gibt es eine Möglichkeit zu splitten.
- Fall 2:
  Das Merkmal besteht aus $m > 2$ Ausprägungen:
  - Bei kategorialen Merkmalen (z. B. Farbe blau, braun, grün)
    gibt es $2^{m-1} - 1$ verschiedene Möglichkeiten, zwei Teilknoten zu bilden; denn es gibt
    2^m Teilmengen, jedoch gehören jeweils 2 zu einem Split und der Split in leere und
    Gesamtmenge wird ausgeschlossen.
  - Bei quantitativen und ordinalen Merkmalen wählt man Splits der Form $X < c$ bzw.
    $X \geq c$, wobei mit X das Merkmal bezeichnet wird.
    Bei ordinalen Merkmalen gibt es $m - 1$ Möglichkeiten, Teilknoten zu bilden, da die
    Rangfolge nicht geändert wird.
    Bei quantitativen Merkmalen wird die Trennung zwischen beobachteten Datenwerten
    gesucht (z. B. Alter $\geq$ 30).

11.1.1.4 Beispiel

Wir betrachten nun die gesamte Datei der Steuererklärungen und erstellen einen Klassifikationsbaum mit R.

```
library(rpart)  # fuer Klassifikations- und Regressionsbaeume
library(rpart.plot) # fuer "schöne grafische Darstellungen"

# Daten einlesen:
Steuer = read.table("Data/Steuer.csv",header=TRUE,
                    sep=",")
attach(Steuer)

# Klassifikationsbaum erstellen
klass = rpart(Steuererklaerung ~ Geschlecht + Familienstand +
            Berufsstatus+ Alter + Wo_Stunden,method="class",
          control=rpart.control(xval=0))
# xval wird spaeter erklaert
klass
> klass
n= 4000

node), split, n, loss, yval, (yprob)
      * denotes terminal node
```

```
1) root 4000 909 korrekt                (0.22725000 0.77275000)
  2) Familienstand=verheiratet 1774 772 korrekt
                               (0.43517475 0.56482525)
    4) Berufsstatus=selbstaendig 547 174 falsch
                               (0.68190128 0.31809872)
      8) Alter>=29.5 507 149 falsch    (0.70611440 0.29388560) *
      9) Alter< 29.5 40  15 korrekt    (0.37500000 0.62500000) *
    5) Berufsstatus=angestellt 1227 399 korrekt
                               (0.32518337 0.67481663) *
  3) Familienstand=nicht verheiratet 2226 137 korrekt
                               (0.06154537 0.93845463) *
```

Die Ausgabe enthält die folgenden Angaben:

node)	Knotennr.
split	Splitkriterium
n	Anzahl der Objekte im Knoten
loss	Anzahl der falsch klassifizierten Objekte, falls der Knoten nicht weiter gespittet wird
yval	am häufigsten vertretene Klasse, Prognoseklasse
(yprob)	Anteile der Klassen
*	Endknoten, Blatt

```
rpart.plot(klass,sub=" ",box.palette="RdGn",
           fallen.leaves=FALSE)
# Standardfarben sind blau und grün,
# box.palette ändert die Farben.
```

Der Aufruf erzeugt Abb. 11.4. Genau wie bei der logistischen Regression finden wir heraus, dass die Neigung, die Steuererklärung zu fälschen, erhöht ist bei

- verheirateten Personen im Vergleich zu nicht verheirateten,
- selbständigen im Vergleich zu nicht selbständigen,
- höherem Alter.

Die Anzahl der Wochenarbeitsstunden wird beim Klassifikationsbaum bei der Auswahl der Merkmale nicht berücksichtigt.

Hinweis:
Bei der praktischen Erstellung von Klassifikationsbäumen mit R muss darauf geachtet werden, dass die Zielvariable als qualitativ erkannt wird. In R entspricht das einem *factor*. Wenn die Variable bereits durch eine Buchstabenfolge codiert ist, so wird dies automatisch

Abb. 11.4 Klassifikationsbaum

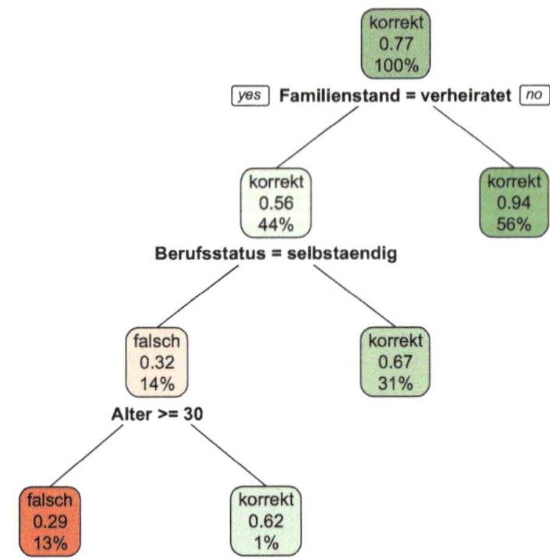

erkannt; bei numerischer Codierung muss man sie als *factor* deklarieren. Dasselbe gilt für die Einflussvariablen, denn die Splitmöglichkeiten sind bei quantitativen und qualitativen Variablen unterschiedlich (vergl. 11.1.1.3).

11.1.2 Evaluation des Klassifikationsmodells

Wir erstellen die Konfusionsmatrix, indem wir zunächst bei allen 4000 Daten die tatsächlichen Klassenlabels mit den prognostizierten vergleichen.

```
> Prognose = predict(klass,Steuer,type="class")
> table(Steuererklaerung, Prognose)
                 Prognose
Steuererklaerung falsch korrekt
        falsch      358     551
        korrekt     149    2942
```

Wir bezeichen die falschen Steuererklärungen als „negativ", die korrekten als „positiv". Der Klassifikationsfehler ist dann

$$error = \frac{FN + FP}{TP + FN + FP + TN} = \frac{551 + 149}{358 + 551 + 149 + 2942} = 0.175$$

17.5 % der Lerndaten würden durch den Klassifikationsbaum falsch vorhergesagt, 82.5 % wären richtig.

Könnte man den Klassifikationsfehler noch weiter reduzieren, wenn man dem Baum noch weitere Splits hinzufügen würde? Das wäre wahrscheinlich möglich, jedoch nicht ratsam, da zufällige Effekte in den Daten – das sogenannte Zufallsrauschen – im Modell mit erfasst würden, was wiederum zu Overfitting führen würde.

In Grafik 11.5 ist ein sehr weit gesplitteter Baum dargestellt.

11.1.2.1 Trainings-, Validierungs- und Testdaten

Um nicht ins Overfitting zu geraten, wird – wie bereits bei der Übersicht über die Prognoseverfahren beschrieben wurde – häufig folgendes Verfahren gewählt:

Man teilt die Lerndaten nach dem Zufallsprinzip in drei Teile, und zwar in

1. Trainingsdaten zur Erstellung eines Modells
2. Validierungsdaten zur Überprüfung der Modellgüte (z. B. durch Betrachtung der Fehlklassifikationen) und gegebenenfalls Veränderung des Modells
   (diese Daten sind also auch an der Modellbildung beteiligt)
3. Testdaten zur nochmaligen Überprüfung der Güte des endgültigen Modells
   (diese Daten sind nicht an der Modellbildung beteiligt)

Mit den Trainingsdaten wird ein Baum in Maximalgröße erstellt, der eventuell keine Fehlklassifikationen in den Trainingsdaten liefert. Dieser Baum wird auf die Validierungsdaten angewandt. In der Regel gibt es hier recht viele Fehlklassifikationen, denn man befindet sich im Bereich des Overfitting. Man schneidet den Baum sukzessive zurück, bis die Fehlklassifikationen in den Validierungsdaten ein Minimum erreichen, bevor der Wert wieder

Abb. 11.5 großer
Klassifikationsbaum, Gefahr
des Overfitting

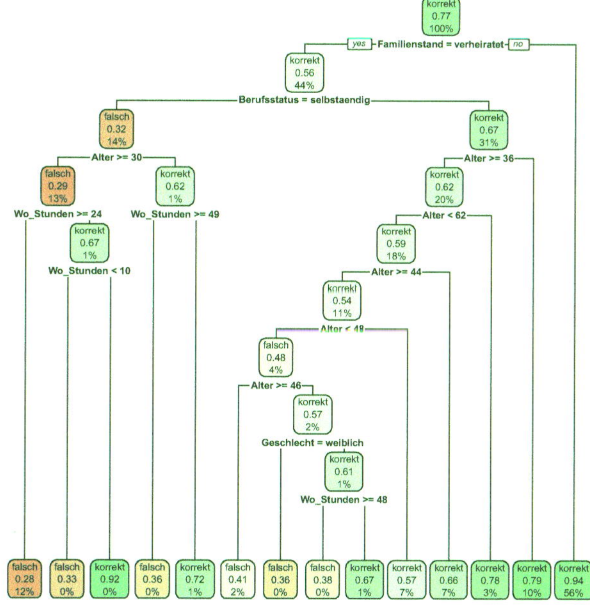

ansteigt. (Man findet nicht immer ein eindeutiges Minimum, oft oszilliert der Wert.) Das Zurückschneiden wird auch als *Pruning* bezeichnet.

11.1.2.2 Kreuzvalidierung *(cross validation)*

Eine weitere Methode ist die Kreuzvalidierung. Wenn der gesamte Datenbestand zu klein ist, um ihn in hinreichend große Teile zu zerlegen, lässt sich dieses Verfahren sehr gut einsetzen. Dabei geht man wie folgt vor:

- Die Datei vom Umfang n wird nach dem Zufallsprinzip in k etwa gleichgroße Teilmengen $T_i, i = 1 \ldots k$ aufgeteilt (z. B. $k = 10$). Der Umfang jeder Teilmenge ist dann ca. n/k. Für jede Teilmenge gibt es folgenden Ablauf:
- Wir schließen die $i-$te Teilmenge aus, die restliche Menge, bestehend aus ca. $n - \frac{n}{k}$ Daten bezeichnen wir mit $T_{-i}, i = 1, \ldots, k$.
- Mit den Daten in jedem T_{-i} erstellen wir jeweils ein Modell (hier einen Klassifikationsbaum).
- Wir überprüfen die Modellgüte anhand der $i-$ten ausgeschlossenen Teilmenge T_i.
- Die Ergebnisse aus den k Teilmengen werden kombiniert (Details siehe unten).

Bei der Kreuzvalidierung wird die Gefahr von instabilen Ergebnissen durch eine ungünstige Aufteilung der Daten insbesondere bei kleiner Datenmenge n und bei kleinem k (z. B. $k = 2$) vermieden, da sich durch die Erhöhung der Anzahl der Teilmengen k eine ungünstige Aufteilung „herausmitteln" wird.

Spezialfälle der k-fachen Kreuzvalidierung sind die *Leave-one-out-Kreuz-Validierung* und das *Bootstrapping*

- Bei der *Leave-one-out-Kreuzvalidierung* gilt $k = n$. Jede Teilmenge enthält also nur Daten eines Objektes.
- Beim *Bootstrapping* werden für die Teilmengen k-mal Zufallsstichproben mit Zurücklegen vom Umfang n aus dem Originaldatensatz (vom Umfang n) gezogen. Die Teilmengen sind also nicht unbedingt disjunkt.[3]

Wie im Fall der einfachen Einteilung in Trainings- und Validierungsdaten variiert man die Baumgrößen, und bestimmt die Klassifikationsfehler. Jetzt erhält man jedoch für jede Baumgröße k Werte, aus denen man den Mittelwert und die Standardabweichung berechnet. Dadurch kann auch die Verlässlichkeit beurteilt werden.

---

[3]Jede Bootstrap-Stichprobe enthält ca. 63 % des Originaldatensatzes. Begründung:
Wahrscheinlichkeit dafür, dass ein Objekt nicht gezogen wird: $1 - \frac{1}{n} \Longrightarrow$ nach n Ziehungen: $\left(1 - \frac{1}{n}\right)^n \approx e^{-1} \approx 0.37$
$\Longrightarrow$ Wahrscheinlichkeit dafür, dass ein Objekt gezogen wird: 0,63.

11.1.2.3 Anwendung der Kreuzvalidierung auf die Bestimmung der optimalen Größe von Klassifikationsbäumen

Die Baumgröße kann gesteuert werden, indem ein sogenannter Strafterm α festgesetzt wird, der steuert, wie stark die Größe des Baumes strafend berücksichtigt wird. Bei $\alpha = 0$ ist die Größe egal, es wird der größtmögliche Baum erstellt.

Mit den Bezeichnungen *errorcount* für die Anzahl der Fehlklassifikationen, die das Modell erzeugt, und *size* für die Größe des Baumes, genauer die Anzahl der Blätter, wird ein Maß definiert, in dem die Fehlklassifikationen und die Baumgröße berücksichtigt werden:

$$error_\alpha = errorcount + \alpha * size$$

R und andere Programme arbeiten mit dem *cp*-Wert (*cost-complexity-parameter,* Komplexitätsparameter), der den Strafterm auf die Fehlklassifikationen bei minimalem Baum – nur aus dem Wurzelknoten (root) bestehend – bezieht.

$$cp = \alpha / error_{root}$$

Der *cp*-Wert kann interpretiert werden als das Verhältnis

$$\frac{\text{Reduktion des relativen Fehlers bei weiterem Splitting}}{\text{Anzahl der weiteren Knoten}},$$

wobei der relative Fehler der Anteil der Fehlklassifikationen im aktuellen Baum bezogen auf den Anteil der Fehlklassifikationen beim kleinsten Baum, der nur aus der Wurzel besteht, ist. Der *cp*-Wert ist proportional zum Quotienten.

Je größer der *cp*-Wert ist, umso kleiner wird der Baum, wobei gezeigt werden kann, dass man eine Baumhierarchie erhält, d. h. die kleineren Bäume sind jeweils Teilbäume der größeren.

Die Abhängigkeit der Baumgröße vom *cp*-Wert kann als Treppenfunktion dargestellt werden, d. h. ganze Intervalle von *cp*-Werten führen zu derselben Baumgröße.

Mit J bezeichnen wir die Anzahl dieser Intervalle.

Die Kreuzvalidierung läuft wie folgt ab:

- Es wird ein maximaler Baum (mit $cp = 0$) mit der Datei aller Lerndaten erstellt.
- Die oben beschriebenen Intervalle der *cp*-Werte werden gebildet, und aus jedem Intervall wird der geometrische Mittelwert[4] β_j, $j = 1 \ldots J$ der Intervallgrenzen als typischer Wert des Intervalls berechnet.
- Jetzt werden für jede der k Teilmengen der Kreuzvalidierung T_{-i} das volle Modell (ein größtmöglicher Baum), sowie die Teilbäume für die Werte β_j, $j = 1 \ldots J$ gebildet.
- Anschließend erfolgt in jeder Teilmenge T_i der Validierungsschritt, indem für jedes Objekt aus T_i mit jedem Teilbaum die Klasse prognostiziert wird und die Fehlklassifikationen gezählt werden.

---

[4]geometrischer Mittelwert aus n Werten: $x_{geo} = \sqrt[n]{x_1 \cdot \ldots \cdot x_n}$.

- Für jedes β_j summiert man die Fehlklassifikationen über alle T_i und wählt den Wert β_j, der den kleinsten Wert der Fehlklassifikationen liefert, als Komplexitätsparameter, der auf die gesamte Datei angewandt wird.

Für verschiedene Komplexitätsparameter ist die Anzahl der Fehlklassifikationen meistens sehr ähnlich (vgl. Grafik 11.6), die Unterschiede liegen dann – bedingt durch zufällige Aufteilung in die Teilmengen T_i – im Bereich der Zufallsstreuung. Man bezieht daher die Streuung mit ein und wählt die minimale Baumgröße, bei der der Mittelwert der relativen Fehlerwerte (in der Grafik 11.6 auf der y-Achse) plus Standardabweichung minimal wird (1-STD-Regel).

In R: `xerror + xstd`

Durchführung in R:

Es wird ein maximaler *cp*-Wert von 0,003 festgesetzt.

```
#------------------------------------------------------
klass.cv = rpart(Steuererklaerung ~ Geschlecht +
     Familienstand + Berufsstatus+ Alter +
     Wo_Stunden,method="class",
     control=rpart.control(xval=10,cp=0.0030),
     parms = list(split = "information"))

> printcp(klass.cv)
> plotcp(klass.cv)
```

Abb. 11.6 Kreuzvalidierung

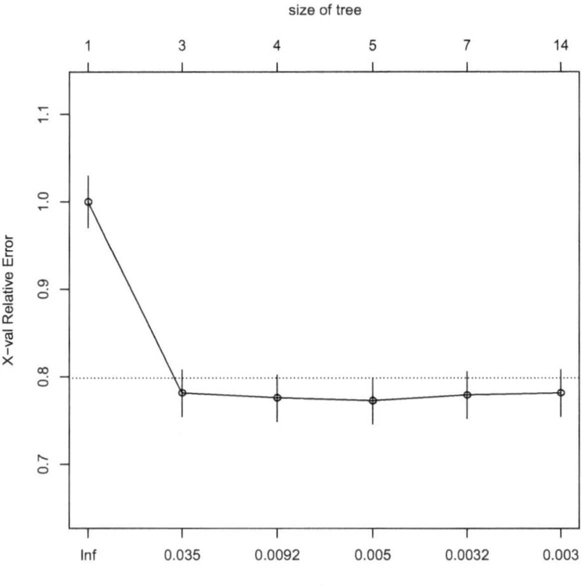

Die Spalten in der Ausgabe listen die *cp*-Werte, die zugehörige Anzahl der Splits (`nsplit`), den relativen Fehler (`rel error`) bezogen auf den Fehler im Wurzelknoten, den Mittelwert der relativen Fehler in den Teilmengen (`xerror`) und die Standardabweichung zwischen den Teilmengen (`xstd`).

Wie man der Tabelle, aber auch der Grafik 11.6 entnehmen kann, wird der `xerror + xstd` bei 5 Blättern, also bei 4 Splits minimal.

```
Root node error: 909/4000 = 0.22725

n= 4000

        CP nsplit rel error  xerror     xstd
1 0.1094609      0   1.00000 1.00000 0.029157
2 0.0110011      2   0.78108 0.78108 0.026585
3 0.0077008      3   0.77008 0.77558 0.026511
4 0.0033003      4   0.76238 0.77228 0.026467
5 0.0030803      6   0.75578 0.77888 0.026555
6 0.0030000     13   0.73377 0.78108 0.026585
```

In der Tabelle ist jeweils der kleinste *cp*-Wert angegeben, bei dem der Baum zurückgeschnitten wird.

In der Grafik wird aus zwei benachbarten *cp*-Werten das geometrische Mittel gebildet ($0{,}005 = \sqrt{0{,}0077008 \cdot 0{,}0033003}$).

Wir erstellen als endgültiges Modell den Baum mit 5 Blättern (Abb. 11.7)

```
best.tree = prune(klass.cv,cp=0.005)
rpart.plot(best.tree,sub=" ",box.palette="RdGn",
           fallen.leaves=TRUE)
```

In diesem Modell ist neben dem Familienstand, dem Berufsstatus und dem Alter auch die Anzahl der Wochenarbeitsstunden berücksichtigt (Abb. 11.7).

11.1.3 Evaluation der Klassifikationsmethode – weitere Performancemaße

Bisher haben wir nur die Gesamtanzahl bzw. den Gesamtanteil falsch bzw. korrekt klassifizierter Objekte betrachtet. Es gibt noch viele weitere Performancemaße; denn oft ist es auch von Interesse, welche Fehlklassifikationen überwiegen. Wird eine korrekte Steuererklärung als falsch klassifiziert und dadurch unnötigerweise genau überprüft, oder wird eine gefälschte nicht erkannt und daher als korrekt eingestuft? Auch im medizinischen Bereich sind diese unterschiedlichen Fehlklassifikationen sehr wichtig (siehe Beispiel unten).

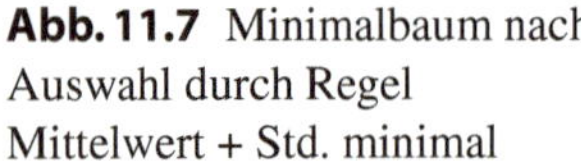

Abb. 11.7 Minimalbaum nach
Auswahl durch Regel
Mittelwert + Std. minimal

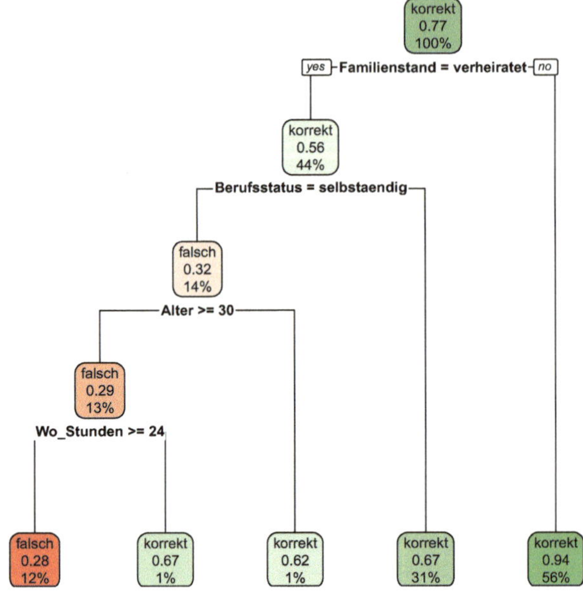

Wir betrachten Klassifikationsfragestellungen mit zwei Klassen und benutzen folgende Bezeichnungen:

o: tatsächlicher Wert (observed) z. B. Steuererklärung korrekt:
o^+ : ja, o^- : nein

p: prognostizierter Wert (predicted) :
p^+ : ja, p^- : nein

Aus den Einträgen der Konfusionsmatrix werden weitere Performance-Maße abgeleitet (Tab. 11.1).

Tab. 11.1 Konfusionsmatrix

		vom Modell prognostiziert	
		p^+	p^-
Tatsächl.	o^+	TP (true positive)	FN (false negative)
Wert	o^-	FP (false positive)	TN (true negative)

11.1.3.1 Präzision, Sensitivität, Spezifität

Präzision, positiv prädikativer Wert $P(o^+\|p^+) = TP/(TP + FP)$	Anteil der positiven Beobachtungen bezogen auf die positiven Prognosen
Recall, Sensitivität, richtig-positiv-Rate $P(p^+\|o^+) = TP/(TP + FN)$	Anteil richtiger positiver Klassifikationen an allen positiven Beobachtungen
Spezifität, richtig-negativ-Rate $P(p^-\|o^-) = TN/(FP + TN)$	Anteil richtiger negativer Klassifikationen an allen negativen Beobachtungen
1-Spezifität $P(p^+\|o^-) = FP/(FP + TN)$	Anteil falsch positiver Klassifikationen an allen negativen Beobachtungen

Die ersten drei Maße bewerten positive Eigenschaften des Verfahrens, nur das letzte Maß bewertet einen negativen Aspekt.

Die Bezeichnungen $P(p^+|o^+)$ usw. sagen aus, dass die relativen Häufigkeiten auch als Wahrscheinlichkeiten – hier als bedingte Wahrscheinlichkeiten – interpretiert werden können.

Wir betrachten als Beispiele

- die Steuererklärungen:
  o^+ : tatsächlich korrekt, o^- : tatsächlich gefälscht
  p^+ : das Modell impliziert: korrekt, p^- : das Modell impliziert: gefälscht
- ein Spam-Filter-Beispiel
  o^+ : E-Mail ist Spam, o^- : E-Mail ist kein Spam
  p^+ : vom Modell als Spam eingestuft (predicted), p^- : als kein Spam eingestuft
- die medizinische Diagnose einer Krankheit K:
  o^+ : Patient hat Krankheit K, o^- : Patient hat diese Krankheit nicht
  p^+ : Diagnose lautet K, p^- : Diagnose: K liegt nicht vor
- die Kreditwürdigkeit von Bankkunden:
  o^+ : Kunde ist kreditwürdig, o^- : Kunde ist nicht kreditwürdig
  p^+ : Einstufung lautet: kreditwürdig, p^- : Einstufung lautet: nicht kreditwürdig

11.1.3.2 Interpretation der Maße
- Der **positiv prädikative Wert (Präzision)** $P(o^+|p^+)$ gibt an
  wie wahrscheinlich es ist, dass
  - eine Steuererklärung wirklich korrekt ist, wenn das Modell dies impliziert
  - eine E-Mail wirklich spam ist, wenn das Modell dies impliziert
  - eine Person wirklich krank ist, wenn der medizinische Test positiv war
  - eine Person wirklich kreditwürdig ist, wenn der Algorithmus sie so eingestuft hat
  Je größer die **Sensitivität (Recall)** $P(p^+|o^+)$, umso mehr
  - korrekte Steuererklärungen werden als solche erkannt
  - Spam-Mails werden gefunden

- Krankheitsfälle werden entdeckt
- kreditwürdige Kunden bekommen Kredit

Je größer die **Spezifität** $P(p^-|o^-)$, umso weniger

- falsche Steuererklärungen werden übersehen
- nicht Spams werden gelöscht
- gesunde Personen werden als krank eingestuft
- nicht kreditwürdige Personen bekommen einen Kredit

Wir greifen das Kreditbeispiel auf. Bei bereits abgelaufenen Krediten hat die Bank Informationen über das Alter der Kunden sowie über die Rückzahlungsmoral. Aus den Grafiken 11.8 ist das Alter ersichtlich, dabei sind die Kunden mit schlechter Rückzahlungsmoral, also die nicht kreditwürdigen Kunden, in rot und die anderen in blau dargestellt.

Für neue Kreditanträge soll eine Grenze auf Basis der Erfahrungswerte, also der vorhandenen Lerndaten gezogen werden. Die grüne Linie gibt die Altersgrenze an, oberhalb derer die Kunden als kreditwürdig klassifiziert werden sollen. Die Grenze wird auch als *cutoff* bezeichnet.

Wendet man den *cutoff* auf die vorhandenen Daten an, so kann man der Grafik 11.8 entnehmen, dass sich die Anteile der korrekt- und falschklassifizierten Personen je nach Position des *cutoff* verändern. In der linken Grafik erreicht die Sensitivität (richtig-positiv-Rate) den Wert 1, jedoch ist die Spezifität (richtig-negativ-Rate) mit 0,5 relativ niedrig; bei der rechten Grafik ist die Spezifität gleich 1, die Sensitivität ist jedoch klein.

Die Sensitivität kann immer auf den Maximalwert 1 gebracht werden kann, wenn der *cutoff* beim kleinstmöglichen Wert festgesetzt wird, denn dann werden einfach alle Kunden als kreditwürdig eingestuft. Damit werden aber auch alle nicht kreditwürdigen als kreditwürdig eingestuft, und die Spezifität sinkt auf Null. Die Umkehrung gilt entsprechend.

In der Grafik 11.9 wurde der *cutoff* am Schnittpunkt der geglätteten Histogramme – der sogenannten empirischen Dichten – gezogen; dies führt zu moderaten Werten der Sensitivität und Spezifität.

Wir betrachten jetzt nochmals das Beispiel der Steuererklärungen mit dem Klassifikationsbaum mit 5 Blättern (Abb. 11.7) und stellen die Konfusionsmatrix und die Performancemaße bei Anwendung des Modells auf die gesamte Datei zusammen:

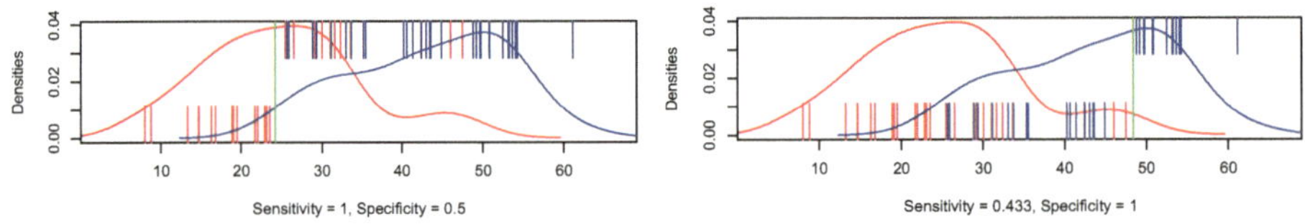

Abb. 11.8 Auswirkungen der Wahl des *cutoff*-Wertes (grüne Linie) auf Sensitivität und Spezifität

Abb. 11.9 Sensitivität und Spezifität beim *cutoff*-Wert am Schnittpunkt der geglätteten Dichten

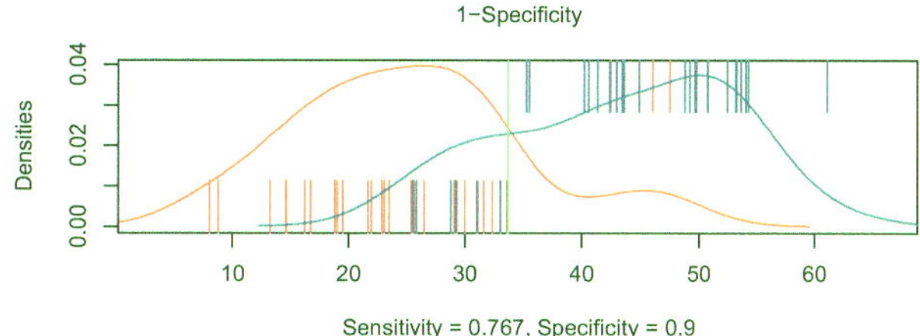

Konfusionsmatrix zur Klassifikation mit ausgewähltem Modell:

		vom Modell prognostiziert	
		p^+	p^-
Tatsächl. o^+		TP (true positive) = 2956	FN (false negative) = 135
Wert o^-		FP (false positive) = 558	TN (true negative) = 351

$$error = \frac{FN + FP}{TP + FN + FP + TN} = 0.17$$

$$acc = \frac{TP + TN}{TP + FP + TN + FN} = 0.83$$

Positiv prädikativer Wert (= *Präzision:*)	$P(o^+|p^+) = TP/(TP + FP) = 0.84$
Sensitivität, **Richtig-positiv-Rate,** *recall:*	$P(p^+|o^+) = TP/(TP + FN) = 0.96$
Spezifität, **Richtig-negativ-Rate:**	$P(p^-|o^-) = TN/(FP + TN) = 0.39$
1-Spezifität:	$P(p^+|o^-) = FP/(FP + TN) = 0.61$

Mit den Standardeinstellungen werden die Blätter, in denen die korrekten Steuererklärungen einen Anteil von mindestens 50 % haben, mit dem Label „korrekt" versehen, die restlichen mit dem Label „falsch".

Wir erhalten dadurch z. B. eine Sensitivität von 0.96 und eine recht niedrige Spezifität von 0.39.

Betrachtet man im Beispiel die mit dem Label „korrekt" versehenen Blätter, so erkennt man, dass der kleinste Anteil korrekter Steuererklärungen 62 % beträgt (im mittleren Blatt), d. h. de facto wird der Schnitt *(cutoff)* bei diesem Wert gemacht. Jetzt kann man wiederum untersuchen, wie sich die Performancemaße verändern, wenn der *cutoff* verschoben wird. Die Klassifikation hängt hier – anders als im Beispiel der Kreditwürdigkeit – von mehreren Merkmalen ab; daher wird der *cutoff* hier durch die relativen Klassenhäufigkeiten in den Blättern beschrieben (s. Grafik 11.10).

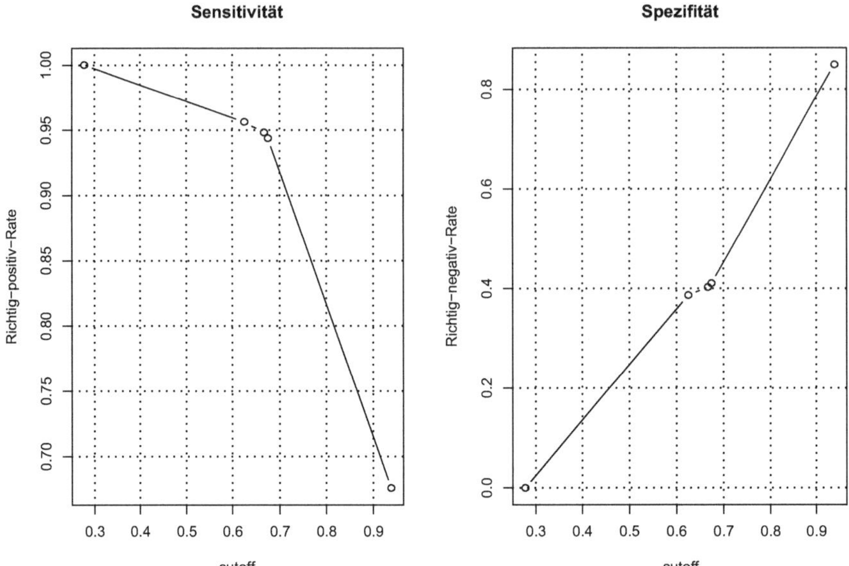

Abb. 11.10 Klassifikationsbaum

R-Code:

```
predi = predict(best.tree, type = "prob")
library("ROCR")
pred = prediction(predi[,2], Steuererklaerung)

plot(performance(pred, "sens", "cutoff"),xlab="cutoff",type="b",
    main="Sensitivität") # zuerst y dann x angeben
grid()

plot(performance(pred, "tnr", "cutoff"),xlab="cutoff",type="b",
    main="Spezifität")
grid()
```

11.1.3.3 ROC-Kurve

Häufig werden Sensitivität und Spezifität zur sogenannten ROC-Kurve (receiver-operator-characteristic) kombiniert (Abb. 11.11). Hierfür stellt man für jeden *cutoff* die Sensitivität und 1-Spezifität dar, das entspricht der Gegenüberstellung von Richtig- und Falsch-positiv-Rate. Ein Punkt, der möglichst weit in der linken oberen Ecke liegen soll, wird dann für den *cutoff* ausgewählt.

Je weiter die Kurve nach links oben gezogen ist, umso besser ist das Klassifikationsverfahren. Verläuft die Kurve nahe der Diagonalen, so sind Richtig- und Falsch-postiv-Rate

Abb.11.11 Klassifikationsbaum

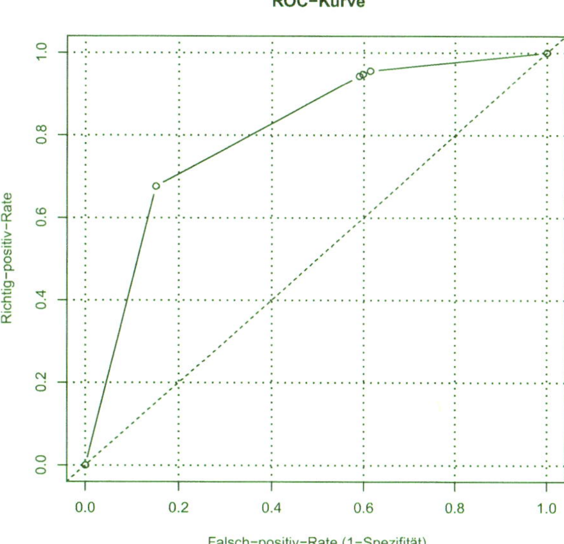

nahezu identisch, was einer Klassifikation nach dem Zufallsprinzip entspricht. Die Fläche unter der Kurve (*area under curve*, AUC) quantifiziert die Güte. Für den AUC-Wert gilt $0 \le AUC \le 1$, wobei 1 der bestmögliche Wert ist, und 0.5 bedeutet, dass die Kurve nahe der Diagonalen verläuft.

Im Beispiel gilt $AUC = 0.81$.

R-Code:

```
plot(performance(pred, "tpr","fpr"),type="b",
     xlab="Falsch-positiv-Rate (1-Spezifität)",
     ylab="Richtig-positiv-Rate",main="ROC-Kurve")
abline(0,1, lty=2)
grid()
performance(pred,"auc")
```

11.1.3.4 F-Maß

Ein weiteres sehr gebräuchliches Maß ist das F-Maß.

Hierzu werden Präzision *(prec)* $P(o^+|p^+)$ und Sensitivität (= Recall, *rec*) $P(p^+|o^+)$ kombiniert, indem man das harmonische Mittel[5] bildet.

$$[5]\, \overline{x}_{harm} = \frac{1}{\frac{1}{n}\sum \frac{1}{x_i}} = \frac{n}{\sum \frac{1}{x_i}} = \frac{2}{\frac{1}{prec} + \frac{1}{rec}} = 2 \cdot \frac{1}{\frac{prec+rec}{prec\cdot rec}} = 2 \cdot \frac{prec\cdot rec}{prec+rec}$$

$$F = 2 \cdot \frac{prec \cdot rec}{prec + rec} \%$$

Das Maß wird Null, wenn ein Term Null wird.

11.1.3.5 Lift

Ein weiteres Performancemaß ist der *Lift*.

$$Lift = \frac{P(p^+ | o^+)}{P(p^+)}.$$

Dies ist das Verhältnis der Sensitivität (des recalls) des Modells zum Anteil der positiven Klassifikationen, wenn kein Modell zum Einsatz kommt. Es wird der Nutzen des Modells gegenüber einer reinen Zufallsauswahl bewertet.

Als Beispiel nehmen wir an, dass 25 % der Personen die Steuererklärung fälschen. Würde man alle Steuererklärungen überprüfen, so würde man diese 25 % auch finden. Könnte man nur 50 % zufällig ausgewählte überprüfen, so würde man auch nur ca. 50 % dieser 25 %, also 12.5 % finden. Für andere Auswahlprozentsätze gilt dies entsprechend. Wenn man ein valides Klassifikationsmodell einsetzt, so erhöht sich die Trefferquote. Jetzt wird man bei 50 % überprüften Steuererklärungen mehr als 50 % der tatsächlich gefälschten ($P(p^+ | o^+)$) finden, da man die 50 % auswählt, bei denen die Fälschung am wahrscheinlichsten ist. Hierzu wählt man die Personen aus, auf die Regeln der Blätter mit den höchsten Fälschungsanteilen zutreffen. Dies kann man wiederum auf andere Prozentsätze übertragen.

Abb. 11.12 Liftchart

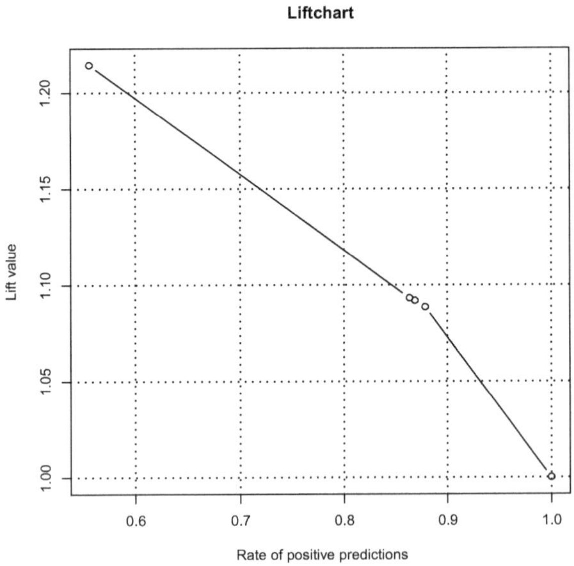

Der Lift setzt die Prozentsätze mit/ ohne Modell ins Verhältnis. In der Beispieldatei ist der maximale Wert des Lifts 1.21, und zwar für den Fall, dass 50 % überprüft werden. Er sinkt natürlich auf 1, wenn alle überprüft werden, da dann das Modell keinen Nutzen bringt. In der Grafik 11.13 sind die Anteile gewählt, die man durch die *cutoffs,* die durch die Blätter gegeben sind, erhält. Die Anteile der überprüften und als Treffer eingestuften Steuererklärungen stimmen überein, wenn kein Modell zum Einsatz kommt; wenn 50 % überprüft werden, so werden auch nur 50 % der gesuchten Fälle getroffen. Daher ist die x-Achse beschriftet mit *Rate of positive predictions,* also Anteil der Treffer (Abb. 11.12).

11.1.4 Der Einsatz von Fehlklassifikationskosten

Im Beispiel der Steuererklärungen ist es wahrscheinlich schlimmer, eine gefälschte Steuererklärung als korrekt zu klassifizieren als umgekehrt eine korrekte als falsch einzustufen. Diese würde dann nur unnötigerweise überprüft, während die gefälschte anerkannt würde. 1-Sensitivität und 1-Spezifität bewerten diese Fehlklassifikationen, und durch Verschiebung des *cutoff* kann die Anzahl der Fehlklassifikationen gesteuert werden.

Eine weitere Möglichkeit ist der Einsatz von Fehlklassifikationskosten. Wir gehen zunächst von zwei Klassen 1 und 2 aus und bezeichnen mit $Cost(2|1)$ die Fehlklassifikationskosten von Klasse 1, d. h. Kosten, die entstehen, wenn ein Objekt, das zu Klasse 1 gehört, mit 2 gelabelt wird. $Cost(1|2)$ beschreibt den umgekehrten Fall.

Mit $p_i(t)$ haben wir die Wahrscheinlichkeit bezeichnet, dass ein Objekt im Knoten t zur Klasse i gehört (geschätzt durch die relative Häufigkeit).

Im Beispiel der Steuererklärungen könnte dies bedeuten:

$p_1(t)$ die Wahrscheinlichkeit im Knoten t dafür, dass die Steuererklärung falsch ist,
$p_2(t)$ die Wahrscheinlichkeit im Knoten t dafür, dass die Steuererklärung korrekt ist.

Wie oben beschrieben, nehmen wir an, dass es schlimmer ist, eine gefälschte Steuererklärung als korrekt zu klassifizieren als umgekehrt. Wir wählen für die Fehlklassifikationskosten z. B. die Relation $Cost(2|1) = 1.5 \cdot Cost(1|2)$, setzen $Cost(1|2) = 1$ und stellen die Kosten in der Verlustmatrix zusammen:

$$\begin{pmatrix} Cost(1|1) = 0 & Cost(1|2) = 1 \\ Cost(2|1) = 1{,}5 & Cost(2|2) = 0 \end{pmatrix}$$

Diese Werte werden bei den Informationsmaßen berücksichtigt.

Beispiel Ginimaß
Multipliziert man im Ginimaß die Klammern aus und fasst die Einzelergebnisse zusammen, so erhält man

$$g(t) = \sum_{i=1}^{K} p_i(t) \cdot (1 - p_i(t)) = \sum_{i \neq j} p_i(t) \cdot p_j(t).$$

$p_i(t)$ ist die Wahrscheinlichkeit, dass ein Objekt aus Knoten t zu Klasse i gehört, man kann es aber auch interpretieren als Wahrscheinlichkeit, dass es der Klasse i zugeordnet wird.

Dann wird $p_i(t) \cdot p_j(t)$ interpretiert als Wahrscheinlichkeit, dass es zu i zugeordnet wird aber zu j gehört, also eine **Fehlklassifikationswahrscheinlichkeit**.

Die **Fehlklassifikationskosten** werden in die Formel für das Gini-Maß als Faktoren integriert:

$$g(t) = \sum_{i \neq j} p_i(t) \cdot p_j(t) \cdot Cost(i|j)$$

$Cost(i|j) > 1$ **verstärkt** also das Maß für die Heterogenität und führt dazu, dass dieser Knoten durch Splitting weiter verbessert wird.

Wir erstellen den Klassifikationsbaum, der die Fehlklassifikationskosten berücksichtigt, mit R, wählen die optimale Baumgröße durch den *cp*-Wert bei Anwendung der Kreuzklassifikation aus und vergleichen die Performance-Maße mit den Ergebnissen ohne Fehlklassifikationskosten. Es werden hier nicht alle Zwischenergebnisse ausgegeben. Die Fehlklassifikationskosten werden in R durch die Angabe `loss =matrix ...` eingegeben.

```
# -------------------------------------------------------------
> # Fehlklassifikationskosten
> klass.cv.cost = rpart(Steuererklaerung ~ Geschlecht +
+                Familienstand + Berufsstatus+ Alter +
+                Wo_Stunden,
+                method="class",
+                control=rpart.control(xval=10,cp=0.0030),
+                parms = list(split = "information",
+                loss=matrix(c(0,1.5,1,0), byrow=TRUE, nrow=2)))
> # printcp(klass.cv.cost)
> # plotcp(klass.cv.cost) # bester Baum bei cp=0.046,
> #                         nur 3 Blätter
> best.tree.cost = prune(klass.cv.cost,cp=0.046)
>
> #-----------------------------------------------------------
> # Klassifikationsbaum ohne Fehlklassifikationskosten
> #-----------------------------------------------------------
> Prognose.Klasse = predict (best.tree,Steuererklaerung,
                             "class")
> tab = table(Steuererklaerung,Prognose.Klasse)
> tab
                 Prognose.Klasse
Steuererklaerung falsch korrekt
          falsch    351     558
          korrekt   135    2956
>
```

```
> #------------------------------------------------------
> # Klassifikationsbaum mit Fehlklassifikationskosten
> #------------------------------------------------------
> Prognose.Klasse.cost= predict(best.tree.cost,Steuererklaerung,
                                 "class")
> tab.cost = table(Steuererklaerung,Prognose.Klasse.cost)
> tab.cost
                Prognose.Klasse.cost
Steuererklaerung falsch korrekt
          falsch    373      536
          korrekt   174     2917
> #------------------------------------------------------
```

Die Anzahl der Fehlklassifikationen $korrekt|falsch$ verringert sich beim Modell mit Fehl-klassifikationskosten gegenüber dem Modell ohne Kosten von 558 auf 536. Dafür steigt andererseits die Anzahl der Fehlklassifikationen $falsch|korrekt$ von 135 auf 174, und die gesamte Fehlklassifikationsrate error.cost steigt auch leicht an:

$$error.cost = \frac{FN + FP}{TP + FN + FP + TN} = 0.18$$

$$acc.cost = \frac{TP + TN}{TP + FP + TN + FN} = 0.82$$

11.1.5 A-priori-Wahrscheinlichkeiten (priors)

Bisher sind wir davon ausgegangen, dass die Zuordnungswahrscheinlichkeit $p_i(t)$ im Knoten t für Klasse i bestimmt wird durch den Anteil der Objekte aus i in diesem Knoten:

$$p_i(t) = \frac{N_i(t)}{N(t)}.$$

Das ist dann korrekt, wenn die Verteilung der Klassen in den Daten der Verteilung in den neuen zu klassifizierenden Objekten entspricht, ansonsten sollte dies adjustiert werden. Beispiel:

Eine Substanz soll klassifiziert werden als gefährlich (Klasse 1) oder nicht gefährlich (Klasse 2).

In den Daten, mit denen der Klassifikationsbaum erstellt wird, ist das Verhältnis von gefährlichen zu ungefährlichen Stoffen 1:9.

Davon kann man jedoch bei den neuen Stoffen nicht einfach ausgehen. Man sollte hier besser vom Verhältnis 1:1 ausgehen.

Die **Verhältnisse** werden durch **à priori-Wahrscheinlichkeiten (priors)** $\pi(i)$ beschrieben. 1:1 bedeutet $\pi(1) = \pi(2) = 1/2$. Auch andere Vorgaben sind natürlich möglich, ebenso mehr als 2 Klassen.

In den Heterogenitätsmaßen, wie z.B. dem Ginimaß, wird im Knoten t die Zugehörigkeitswahrscheinlichkeit zur Klasse i, $p_i(t)$ gebraucht.

Wählt man mit $\pi(i) = \frac{N_i}{N}$ für die priors die relativen Häufigkeiten aus den Daten, so wird für $p_i(t)$ einfach die relative Häufigkeit der Klasse i im Knoten t benutzt.

$$p_i(t) = \frac{N_i(t)}{N(t)}$$

Mit beliebigen priors $\pi(i)$ erhält man jedoch

$$p_i(t) = \frac{p(i,t)}{p(t)} = \frac{\frac{N_i(t)}{N_i} \cdot \pi(i)}{\sum_k \frac{N_k(t)}{N_k} \cdot \pi(k)}.$$

Dieser Term wird bei der Auswahl der Splits bei der Erstellung des Klassifikationsbaums in die Heterogenitätsmaßen eingesetzt.

Für die Herleitung der Formeln der $p_i(t)$ hilft folgende Übersicht:
Anzahlen:

$N_i(t)$: Klasse i in Knoten t
N_i :   Klasse i in allen Daten
N :   alle Daten

Theoretische Wahrscheinlichkeiten	Empirische Wahrscheinlichkeiten und priors (zur Schätzung der theoretischen W.)
$P(i \cap t) = P(t\|i) \cdot P(i)$	$p(i,t) = \frac{N_i(t)}{N_i} \cdot \pi(i)$
$P(t) = \sum_k P(k \cap t)$	$p(t) = \sum_k p(k,t)$
$P_i(t) = P(i\|t) = P(i \cap t)/P(t)$	$p_i(t) = p(i,t)/p(t)$

Setzt man die Terme aus der Tabelle zusammen, so erhält man bei beliebigen priors

$$p_i(t) = \frac{p(i,t)}{p(t)} = \frac{\frac{N_i(t)}{N_i} \cdot \pi(i)}{\sum_k \frac{N_k(t)}{N_k} \cdot \pi(k)}.$$

und bei priors aus relativen Häufigkeiten in den Daten

$$p_i(t) = \frac{\frac{N_i(t)}{N_i} \cdot \pi(i)}{\sum_k \frac{N_k(t)}{N_k} \cdot \pi(k)} = \frac{\frac{N_i(t)}{N_i} \cdot \frac{N_i}{N}}{\sum_k \frac{N_k(t)}{N_k} \cdot \frac{N_k}{N}} = \frac{\frac{N_i(t)}{N}}{\sum_k \frac{N_k(t)}{N}} = \frac{N_i(t)}{\sum_k N_k(t)}$$

$$= \frac{N_i(t)}{N(t)}$$

Wir erstellen den Klassifikationsbaum, der die priors 0.5, 0.5 berücksichtigt mit R, wählen die optimale Baumgröße durch den cp-Wert bei Anwendung der Kreuzklassifikation aus und vergleichen die Performance-Maße mit den Ergebnissen ohne priors. Es werden hier nicht alle Zwischenergebnisse ausgegeben.

Die priors werden in R durch die Angabe `prior =c(...)` eingegeben.

```
R-Code:
> #----------------------------------------------
> # priors
> klass.cv.prior = rpart(Steuererklaerung ~ Geschlecht +
+                        Familienstand + Berufsstatus+ Alter +
+                        Wo_Stunden,
+                        method="class",
+                        control=rpart.control(xval=10,cp=0.0030),
+                        parms = list(split = "information",
+                        prior=c(0.5,0.5)))
> # printcp(klass.cv.prior)
> # plotcp(klass.cv.prior) # bester Baum bei cp=0.0039
> #                          12 Blätter
> > best.tree.prior = prune(klass.cv.prior,cp=0.0039)
> #----------------------------------------------
> # ohne priors
> #----------------------------------------------
> Prognose.Klasse = predict (best.tree,Steuererklaerung,"class")
> tab = table(Steuererklaerung,Prognose.Klasse)
> tab
                 Prognose.Klasse
Steuererklaerung falsch korrekt
          falsch    351     558
         korrekt    135    2956
> #----------------------------------------------
> # mit priors
> #----------------------------------------------
> Prognose.Klasse.prior = predict(best.tree.prior,
                          Steuererklaerung,"class")
> tab.prior = table(Steuererklaerung,Prognose.Klasse.prior)
> tab.prior
                 Prognose.Klasse.prior
Steuererklaerung falsch korrekt
          falsch    776     133
         korrekt    831    2260
```

Die Anzahl der Fehlklassifikationen $korrekt|falsch$ verringert sich beim Modell mit gleichen priors gegenüber dem Modell ohne priors von 558 auf 133. Dafür steigt andererseits die Anzahl der Fehlklassifikationen $falsch|korrekt$ von 135 auf 831.

11.2   Random Forests („Zufallswälder")

11.2.1 Aufbau, Prognose der Klassenlabel und Evaluation der Prognosegüte

Im vorigen Kapitel wurde beschrieben, wie ein Klassifikationsbaum erstellt werden kann, der eine hohe Prognosegüte erzielt. Der Baum wurde durch *Pruning* auf eine Größe zurückgeschnitten, die eine Überanpassung an die Trainingsdaten verhindern soll.

Bei Random Forests werden viele Bäume erstellt (z. B. 100), wobei bei jedem Baum nur eine Teilmenge der Daten genutzt wird (Details s. u.). Für die Prognose der Klasse eines neuen Objekts wird eine Mehrheitsentscheidung der Bäume gefällt *(majority vote)*. Es erfolgt kein *Pruning* der einzelnen Bäume, da man davon ausgeht, dass sich Overfittingprobleme aufgrund der verschiedenen Teilmengen ausgleichen und daher kein Problem mehr darstellen.

Für den Aufbau des Random Forest erfolgt eine Zufallsauswahl auf zwei Ebenen:

1. Es wird bei jedem Split nur eine zufällig ausgewählte Teilmenge der möglichen Splitvariablen benutzt.
   (Bei Klassifikationsbäumen mit insgesamt p Vorhersagevariablen sollten es ca. $\sqrt{p}$ Variablen sein).
2. Für jeden Baum werden *Bootstrap-Stichproben* aus der gesamten Datei gezogen.

Bei *Bootstrap-Stichproben* werden aus der gesamten Datei mit n Objekten nach dem Zufallsprinzip Stichproben wiederum der Größe n gezogen. Die Ziehung erfolgt mit Zurücklegen, d. h. dasselbe Objekt kann auch mehrfach in eine Stichprobe gelangen. Jede Bootstrap-Stichprobe enthält ca. 63 % der gesamten Datei[6], die restlichen 37 % bilden das sogenannte *out-of-bag-sample,* mit dem – wie bei der „normalen" Kreuzvalidierung – die Fehlklassifikationsrate ermittelt wird; und zwar werden für die Prognose der Klasse des $i-$ten Objekts alle Bäume benutzt, bei denen i im out-of-bag-sample war. Hierbei wird eine Mehrheitsentscheidung gefällt *(majority vote).*

```
#-----------------------------------------------------------
> # random forest für die Steuererklaerungen
> library(randomForest)
> set.seed(1) # fuer reproduzierbare Ergebnisse
>
> sum(is.na(Steuer))
[1] 15
> # Die Datei enthaelt 15 fehlende Werte;
```

---

[6]Wahrscheinlichkeit dafür, dass ein Objekt nicht gezogen wird: $1 - \frac{1}{n}$

$\Longrightarrow$ nach n Ziehungen: $\left(1 - \frac{1}{n}\right)^n \approx e^{-1} \approx 0.37$

$\Longrightarrow$Wahrscheinlichkeit dafür, dass ein Objekt gezogen wird: 0.63.

```
> # das muss bei random forest abgefangen werden,
> # z.B. durch na.action=na.omit
>
> # Anzahl der Bäume (default)=100
> rf_Modell = randomForest(Steuererklaerung ~ Geschlecht +
+    Familienstand + Berufsstatus + Alter + Wo_Stunden,
+    importance=TRUE,na.action=na.omit)
>
> rf_Modell

Call:
 randomForest(formula = Steuererklaerung ~ Geschlecht +
              Familienstand + Berufsstatus + Alter +
                          Wo_Stunden, importance = TRUE,
                          na.action = na.omit)
               Type of random forest: classification
                     Number of trees: 500
No. of variables tried at each split: 2

        OOB estimate of  error rate: 17.49%
Confusion matrix:
        falsch korrekt class.error
falsch     353     554  0.61080485
korrekt    143    2935  0.04645874
> # names(rf_Modell)
>
> plot(rf_Modell)
> grid()
> # Die schwarze Linie stellt die Gesamtfehlerquote dar
> # die rote Linie die faelschlicherweise als korrekt progn.
> # die blaue Linie die faelschlicherweise als falsch progn.
```

Der Ausgabe können wir die Gesamtfehlerrate, die Rate der fälschlicherweise als korrekt prognostizierten und die fälschlicherweise als falsch prognostizierten Objekte entnehmen. In der Grafik 11.13, links sind die Werte für random forests von bis zu 500 Bäumen dargestellt. Bei spätestens 80 Bäumen stabilisieren sich die Werte; daher führen wir die Analyse nochmals mit 80 Bäumen durch (Grafik 11.13, rechts).

```
> # Die Fehlerquoten sind spaetestens bei 80 Baeumen stabil.
> rf_Modell_80 = randomForest(Steuererklaerung ~ Geschlecht +
                  Familienstand + Berufsstatus + Alter +
Wo_Stunden, importance=TRUE,
na.action=na.omit,ntree=80)
> rf_Modell_80
```

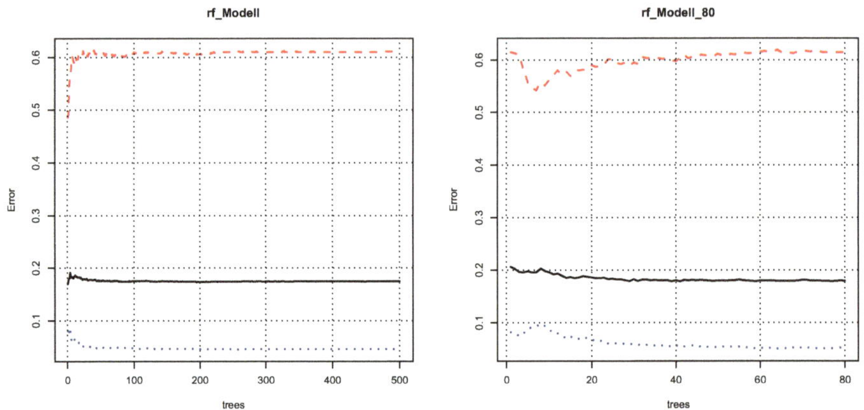

Abb. 11.13 Fehlerrate bei bis zu 500 bzw. 80 Bäumen, schwarz: Gesamtfehlerquote, rot: fälschlicherweise als korrekt progn., blau: fälschlicherweise als falsch progn.

```
Call:
 randomForest(formula = Steuererklaerung ~ Geschlecht +
             Familienstand + Berufsstatus + Alter +
Wo_Stunden, importance = TRUE, ntree = 80,
na.action = na.omit)
               Type of random forest: classification
                     Number of trees: 80
No. of variables tried at each split: 2

        OOB estimate of  error rate: 17.94%
Confusion matrix:
        falsch korrekt class.error
falsch     350     557  0.61411246
korrekt    158    2920  0.05133203
> plot(rf_Modell_80)
> grid()
```

11.2.2 Wichtigkeit der Variablen (Importance)

Bei einem „normalen" Klassifikationsbaum ergibt sich die Wichtigkeit einer Variablen aus der Stellung im Baum. (Der 1. Split wird durch die Variable gebildet, die die Heterogenität am stärksten reduziert, usw.).

Bei Random Forests berechnet man die Wichtigkeit

- als Reduktion des Heterogenitätsmaßes (z. B. des Ginimaßes) durch Splits, bei denen die Variable benutzt wurde, wobei über alle Bäume gemittelt wird
  oder
- als Reduktion der Vorhersagegenauigkeit bei den out-of-bag-samples, wenn die Variable permutiert wird und damit der Zusammenhang mit der Zielgröße zerstört wird.

Abb. 11.14 Wichtigkeit der Variablen

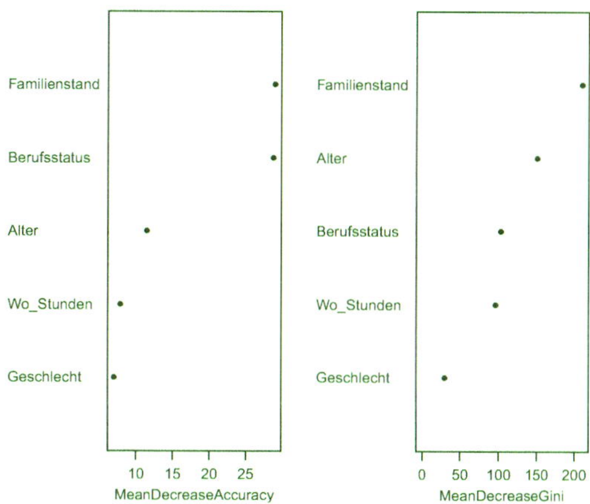


```
> # Bei random forests berechnet man die Wichtigkeit als
> # Reduktion  der Accuracy (type=1) oder
> # des Gini-MaÃƒÂŸes (type=2) durch Splits,
> # bei denen die Variable benutzt wurde,
> # gemittelt über alle Bäume.
>
> importance(rf_Modell_80,type=1)
              MeanDecreaseAccuracy
Geschlecht             6.980680
Familienstand         28.951895
Berufsstatus          28.730205
Alter                 11.446538
Wo_Stunden             7.861796
> importance(rf_Modell_80,type=2)
              MeanDecreaseGini
Geschlecht          29.98625
Familienstand      209.84811
Berufsstatus       102.94056
Alter              150.70936
Wo_Stunden          95.93156
>
>
> varImpPlot(rf_Modell_80,pch=20)
> varImpPlot(rf_Modell,pch=20)
```

Der Familienstand stellt sich als wichtigste Splitvariable heraus, je nach Kriterium folgen der Berufsstatus bzw. das Alter (Abb. 11.14).

Wenn wir nochmals den einzelnen Klassifikationsbaum betrachten, so finden wir dort ähnliche Ergebnisse.

11.2.3 Ensemble Methoden

Die Methode der Random Forests stellt eine sogenannte *Ensemble Methode* dar, da die Prognose durch Mehrheitsentscheidung vieler Bäume, also eines *Ensembles* von Baummodellen gefällt wird. Dieser Ansatz kann verallgemeinert werden, indem man verschiedene Methoden miteinander kombiniert. So könnten beispielsweise Ergebnisse des knn-Verfahrens mit denen der logistischen Regression und von Baummodellen kombiniert werden.

11.3　Regressionsbäume

Bei der Regressionsfragestellung ist das zu prognostizierende Merkmal – das Zielmerkmal – quantitativ. Es soll neuen Objekten ein numerischer Wert zugewiesen werden, der sich aus Regeln ergibt, die durch einen Baum – hier also einen Regressionsbaum – beschrieben werden.

Der Unterschied bei der Erstellung von Regressionsbäumen im Vergleich zu Klassifikationsbäumen besteht

1. in der Bewertung der Heterogenität eines Knotens und
2. in der Art der Prognose.

Heterogenität eines Knotens
Da quantitative Werte untersucht werden, wird die Heterogenität eines Knotens t durch die Summe der Abweichungsquadrate (sum of squares, deviance) der Einzelwerte vom Mittelwert des Knotens gemessen:

$$SS_t = \sum_{s_{j \in t}} \left(y_j - \overline{y_t}\right)^2.$$

Die Reduktion der Heterogenität in t durch einen Split s ist die Reduktion dieser Quadratsumme durch Subtraktion der Quadratsummen in den Kindknoten SS_{t_l} und SS_{t_r}:

$$\Delta(s, t) = SS_t - SS_{t_l} - SS_{t_r}.$$

Prognose
Nach der Zerlegung wird für alle Objekte in einem Knoten t derselbe Wert prognostiziert durch

$$\overline{y_t} = \frac{1}{N(t)} \sum_{j \in t} y_j.$$

Der Prognosewert für ein Objekt, das nach Anwendung der Regeln zu einem Knoten t gehört, ist also der Mittelwert des Zielmerkmals aller Lernobjekte in diesem Knoten.

Beispiel Wir erstellen einen Regressionsbaum für die in Kap. 9 beschriebenen Klausurdaten. Es sollen Regeln für die Graphentheoriepunkte angegeben werden. Einzige Einflussgröße ist die Punkteanzahl im Statistikteil. Es wird der Regressionsbaum erstellt, der bei der Kreuzvalidierung die beste Performance erzielt.

```
library(rpart)
library(rpart.plot)
set.seed(5)

GT_STAT = rpart(GT ~ STAT,method="anova",
                control = rpart.control(xval=10))

# Kreuzvalidierung

plotcp(GT_STAT)

printcp(GT_STAT)
##
## Regression tree:
## rpart(formula = GT ~ STAT, method = "anova",
##              control = rpart.control(xval = 10))
##
## Variables actually used in tree construction:
## [1] STAT
##
## Root node error: 20395/158 = 129.08
##
## n= 158
##
##          CP nsplit rel error  xerror      xstd
## 1 0.292126      0   1.00000 1.01095 0.101015
## 2 0.077507      1   0.70787 0.77499 0.071816
## 3 0.041452      2   0.63037 0.68464 0.066171
## 4 0.016899      3   0.58891 0.64633 0.060813
## 5 0.010339      4   0.57202 0.67847 0.064191
## 6 0.010000      6   0.55134 0.70900 0.069332
```

Da die beste Performance bei einem Baum mit 4 Blättern, also 3 Splits erzielt wird, wählen wir den entsprechenden *cp*-Wert aus (Abb. 11.15).

```
> # 4 Blaetter = 3 Splits sind am besten (cp>=0.016)
GT_STAT.pruned = rpart(GT ~ STAT,method="anova",
                       control = rpart.control(xval=10,cp=0.016))

GT_STAT.pruned

## n= 158
##
## node), split, n, deviance, yval
##        * denotes terminal node
##
## 1) root 158 20395.340 32.23418
##    2) STAT< 20.5 59  5703.636 24.27966
##      4) STAT< 9.5 24  2008.458 19.70833 *
##      5) STAT>=9.5 35  2849.743 27.41429 *
##    3) STAT>=20.5 99  8733.687 36.97475
##      6) STAT< 38.5 56  5311.710 33.47321 *
##      7) STAT>=38.5 43  1841.198 41.53488 *
```

Hier kann man beispielsweise erkennen, dass der Mittelwert der Graphentheoriepunkte im Wurzelknoten, also der Mittelwert aller Klausurteilnehmer, 32,23 Punkte betrug. Bei den Teilnehmern, die weniger als 9,5 Punkte im Statistikteil erzielt haben (Knoten 4), waren es 19,71 Punkte in Graphentheorie, und bei denen mit mindestens 9,5 Punkten in der Statistik waren es im Durchschnitt 27,41 Punkte. Das ist auch im Baum abzulesen. Die Summe

Abb. 11.15 Kreuzvalidierung

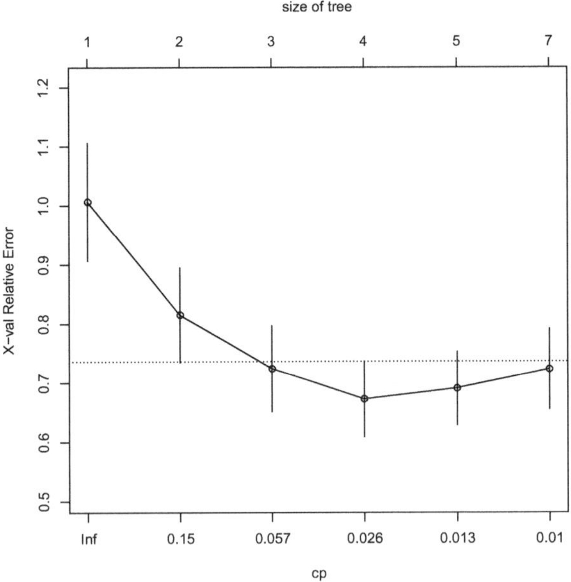

der Abweichungsquadrate SS_t ist als *deviance* bezeichnet. Im Wurzelknoten beträgt sie beispielsweise $SS_{Wurzel} = 20395,34$.

```
rpart.plot(STAT_GT.pruned,box.palette="RdGn",
           fallen.leaves=FALSE,sub=" ",main="Regressionsbaum")
```

Im Abschn. 9.1 wurde der Zusammenhang zwischen den Klausurpunkten durch eine lineare Regressionsfunktion dargestellt. Das Streudiagramm mit der Geradengleichung wird hier zum Vergleich dem Regressionsbaum gegenübergestellt. Bei der Regressionsgeraden kann für einzelne Werte der Statistik ganz individuell ein Wert für die Graphentheorie prognostiziert werden, während es beim Regressionsbaum für ein ganzes Intervall denselben Prognosewert gibt. Man sollte jedoch nicht vergessen, dass die Prognosewerte der Geraden auch mit großen Unsicherheiten behaftet sind (Abb. 11.16).[7]

Auch bei Regressionsfragestellungen sind Ensemble Methoden einsetzbar. Bei Klassifikationsfragestellungen wird eine Mehrheitsentscheidung der Klassenlabel, die die verschiedenen Modelle liefern, getroffen. Bei der Regressionsfragestellung wird aus den numerischen Prognosewerten ein Mittelwert gebildet.

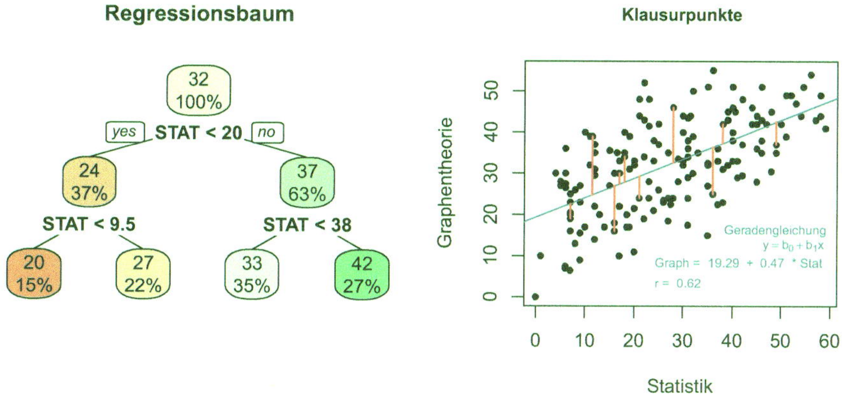

Abb. 11.16 Regressionsbaum und Regressionsgerade

---

[7]Um die Unsicherheiten zu quantifizieren, erstellt man in der klassischen Statistik Prognoseintervalle, wobei man annimmt, dass die Abweichungen der einzelnen Punkte von der Geraden unabhängig voneinander und normalverteilt sind. Als Alternative könnte man mit sogenannten Resampling-Methoden wie dem Bootstrapping verschiedene Geraden aus Teilstichproben erstellen, mit jeder Geraden einen Prognosewert erzeugen und hieraus ein Intervall bilden.

Das naive Bayes-Verfahren ist ein weiteres Klassifikationsverfahren. Es wird zunächst für jede Klasse die Wahrscheinlichkeit geschätzt, mit der ein Objekt zu dieser Klasse gehört, wobei die aus der Statistik bekannte Bayes-Formel für bedingte Wahrscheinlichkeiten benutzt wird. Anschließend wird die Klasse mit der höchsten Wahrscheinlichkeit für die Klassenprognose gewählt. Bei der bedingten Wahrscheinlichkeit stellen die Eigenschaften des Objekts die Bedingung dar.

Auch bei den bisher behandelten Klassifikationsverfahren wurden im Prinzip zunächst Wahrscheinlichkeiten der Klassenzugehörigkeiten ermittelt.

- So kann beim k-nearest-neighbour-Verfahren der Anteil der Nachbarn eines Objekts, die zu einer bestimmten Klasse gehören, als Wahrscheinlichkeit der Zugehörigkeit des Objekts zu dieser Klasse aufgefasst werden. Da die Nachbarn auf Basis der Objekteigenschaften bestimmt werden, handelt es sich auch hier um bedingte Wahrscheinlichkeiten.
- Bei der logistischen Regression wurde die bedingte Wahrscheinlichkeit nach Logit-Transformation durch ein Regressionsmodell geschätzt.
- Bei Klassifikationsbäumen erfolgt die Zuordnung zu einer Klasse ähnlich wie beim k-nearest-neighbour-Verfahren, wobei hier die Klasse die am häufigsten in einem Knoten vertreten ist, als prognostizierte Klasse benutzt wird. Auch hier kann der Anteil als bedingte Wahrscheinlichkeit interpretiert werden, da die Knoten durch die Objekteigenschaften gebildet werden.

12.1 Bayes-Formel, Schätzung der Wahrscheinlichkeiten

Bayes-Formel
Die aus der Statistik bekannte Bayes-Formel für zufällige Ereignisse A und B lautet:

© Springer Fachmedien Wiesbaden GmbH, ein Teil von Springer Nature 2020
M. von der Hude, *Predictive Analytics und Data Mining*,
https://doi.org/10.1007/978-3-658-30153-8_12

$$P(A|B) = \frac{P(B|A) \cdot P(A)}{P(B)}$$

Kennt man die Wahrscheinlichkeit für das Eintreten von B, falls auch A eintritt oder eingetreten ist, und kennt man außerdem die unbedingten Wahrscheinlichkeiten für A und B, so kann man hieraus die bedingte Wahrscheinlichkeit für A unter der Bedingung B ermitteln. Die unbedingte Wahrscheinlichkeit für $P(A)$ wird auch als a-priori-Wahrscheinlichkeit (englisch: prior) bezeichnet, da sie kein Vorwissen über den Eintritt von B berücksichtigt, während $P(A|B)$ auch a-posteriori-Wahrscheinlichkeit heißt, da hier die Information B einfließt.

Das Bayes'sche Prinzip wird beim naiven Bayes-Verfahren zur Klassifikation angewandt, und zwar entspricht dem Ereignis A die Zugehörigkeit zu einer Klasse c, und das Ereignis B wird durch die Objekteigenschaften repräsentiert.

Wir betrachten die p Objekteigenschaften formal als Zufallsvariablen und bezeichnen sie mit $X_1, \ldots, X_p$; die konkreten Eigenschaften der Objekte werden mit kleinen Buchstaben $x_1, \ldots, x_p$ bezeichnet. Wir fassen alle Eigenschaften zu einem Vektor zusammen, und schreiben $(X_1 = x_1, \ldots, X_p = x_p)$ oder kurz $\mathbf{X} = \mathbf{x}$.

Bei C Klassen können die bedingten Klassenwahrscheinlichkeiten der Objekte damit geschrieben werden als

$$p_c = P(\text{Klasse} = c|(X_1 = x_1, \ldots, X_p = x_p)), \ c = 1, \ldots, C$$

kurz

$$p_c = P(\text{Klasse} = c|X = \mathbf{x}), \ c = 1, \ldots, C.$$

Mit diesen Bezeichnungen wenden wir die Bayes-Formel an[1]:

$$p_c = P(\text{Klasse} = c|X = \mathbf{x}) = \frac{P(X = \mathbf{x}|\text{Klasse} = c) \cdot P(\text{Klasse} = c)}{P(X = \mathbf{x})}$$

Schätzung der Wahrscheinlichkeiten
Die Klassenwahrscheinlichkeiten

$$P(\text{Klasse} = c)$$

können aus den Häufigkeiten der Klassen in den Daten geschätzt werden, falls die Daten zufällig erhoben wurden und man daher annehmen kann, dass die Häufigkeiten in den Daten die Häufigkeiten in der Grundgesamtheit widerspiegeln.

---

[1]Bei stetigen Zufallsvariablen werden die Wahrscheinlichkeiten für einzelne Werte

$$P(X = \mathbf{x}) = P(X_1 = x_1, \ldots, X_p = x_p)$$

durch eine Dichtefunktion ersetzt.

Die bedingten Wahrscheinlichkeiten

$$P((X = \mathbf{x})|\text{Klasse} = c) = P((X_1 = x_1, \ldots, X_p = x_p)|\text{Klasse} = c)$$

sind im allgemeinen nicht so einfach zu bestimmen, denn es handelt sich um gemeinsame Wahrscheinlichkeiten für alle Zufallsvariablen innerhalb der Klassen. Um sie aus den Häufigkeiten der Objekte zu schätzen, müsste man theoretisch für jede Kombination von Eigenschaften die Anzahl der entsprechenden Objekte innerhalb der Klassen ermitteln. Hierfür ist die Datenbasis in der Regel nicht groß genug, einzelne Kombinationen werden in den Daten nicht auftreten, und die Wahrscheinlichkeit würde daher durch Null geschätzt, obwohl das Auftreten theoretisch nicht ganz unmöglich wäre.

Vernachlässigt man die Eigenschaftskombinationen und betrachtet jede Eigenschaft – also jede der p Dimensionen – getrennt, so reichen die Daten in der Regel aus. Die Wahrscheinlichkeiten $P((X_m = x_m)|\text{Klasse} = c), m = 1, \ldots, p$ können dann aus relativen Häufigkeiten ermittelt werden.

Aus der Statistik ist bekannt, dass die gemeinsame Wahrscheinlichkeit unabhängiger Ereignisse gleich dem Produkt der einzelnen Wahrscheinlichkeiten ist.

$$P(A \cap B \cap C) = P(A, B, C) = P(A) \cdot P(B) \cdot P(C)$$

Dieser Ansatz wird beim naiven Bayes-Verfahren benutzt, man nimmt an, dass die Objekteigenschaften innerhalb der Klassen unabhängig voneinander eintreten. Davon kann im allgemeinen natürlich nicht ausgegangen werden, aber Studien zeigen, dass dieser vereinfachte *naive* Ansatz zu guten Prognoseeigenschaften führt.

Damit werden die bedingten Wahrscheinlichkeiten $P(X = \mathbf{x}|\text{Klasse} = c)$ geschrieben als:

$$P(X = \mathbf{x}|\text{Klasse} = c)$$

$$= P((X_1 = x_1, \ldots, X_p = x_p)|\text{Klasse} = c)$$

$$= P((X_1 = x_1)|\text{Klasse} = c) \cdot \ldots \cdot P((X_p = x_p)|\text{Klasse} = c)$$

$$= \Pi_{m=1}^{p} P((X_m = x_m)|\text{Klasse} = c).$$

Die Wahrscheinlichkeit im Nenner der Bayes-Formel $P(\mathbf{X} = \mathbf{x})$ ist für alle bedingten Klassenwahrscheinlichkeiten gleich, und spielt daher bei der Auswahl der größten Wahrscheinlichkeit keine Rolle; dieser Term wird also für die Klassenzuordnung nicht benötigt.

Damit wird einem neuen Objekt die Klasse prognostiziert, bei der der (abgeänderte) Zähler der Bayes-Formel Z_c, also der Term

$$Z_c = P((X_1 = x_1)|\text{Klasse} = c) \cdot \ldots \cdot P((X_p = x_p)|\text{Klasse} = c) \cdot P(\text{Klasse} = c)$$

maximal wird[2].

Will man nicht nur die Klasse prognostizieren sondern auch die Klassenwahrscheinlichkeit, so muss der Nenner doch ermittelt werden. Da im Zähler eine vereinfachte Formel benutzt wurde, die auf der Annahme der Unabhängigkeit basiert, ist auch der Nenner anzupassen.

Die bedingten Klassenwahrscheinlichkeiten für eine feste Merkmalskombination müssen sich zu eins summieren. Daher wird die Summe der Zähler für alle Klassen als Normalisierung gewählt.

$$\text{Nenner} = Z_1 + \ldots + Z_C$$

12.2   Beispiel

Als Beispiel betrachten wir wieder die Daten der Steuererklärungen. Wir beziehen die Analyse auf die komplette Datei mit 4000 Objekten[3].

```
Steuer = read.table("C:/Users/Marlis/BRS/Vorles/
            DataMining-und-Predictive/Data/Steuer.csv",
                header=TRUE,sep=",")
attach(Steuer)
```

Die Funktion naiveBayes ist in der library e1071 vorhanden.
Zunächst beschränken wir uns bei den Eigenschaften der Personen auf die kategorialen Merkmale *Geschlecht, Familienstand* und *Berufsstatus.*

```
nb1 = naiveBayes(Steuererklaerung ~ Geschlecht + Familienstand +
        Berufsstatus, data=Steuer)

nb1
```

Der Ausgabe können die a-priori-Wahrscheinlichkeiten der Klassen $P(\text{Klasse} = c)$ sowie die bedingten Wahrscheinlichkeiten der Objekteigenschaften innerhalb der Klassen $P((X_1 = x_1)|\text{Klasse} = c) \cdot \ldots \cdot P((X_p = x_p)|\text{Klasse} = c)$ entnommen werden, die aus den entsprechenden Häufigkeiten geschätzt wurden.

```
##
## Naive Bayes Classifier for Discrete Predictors
##
```

---

[2]Maximum-Likelihood-Prinzip.

[3]Wenn wir die Performance der verschiedenen Prognoseverfahren in einem späteren Kapitel vergleichen, werden wir dies anhand der Trennung in Trainings- und Testdaten tun.

```
## Call:
## naiveBayes.default(x = X, y = Y, laplace = laplace)
##
## A-priori probabilities:
## Y
##   falsch korrekt
## 0.22725 0.77275
##
## Conditional probabilities:
##           Geschlecht
## Y          maennlich  weiblich
##    falsch  0.8547855 0.1452145
##    korrekt 0.6214817 0.3785183
##
##           Familienstand
## Y          nicht verheiratet verheiratet
##    falsch           0.1507151   0.8492849
##    korrekt          0.6758331   0.3241669
##
##           Berufsstatus
## Y          angestellt selbstaendig
##    falsch  0.5049505    0.4950495
##    korrekt 0.8133290    0.1866710
```

Bei den Prognosewerten können sowohl die Klassen (type="class") als auch die geschätzten a-posteriori-Wahrscheinlichkeiten $p_c = P(\text{Klasse} = c | X = \mathbf{x})$, $c = 1, \ldots, C$ (type="raw") ausgegeben werden.

```
nb1.pred.class = predict(nb1,Steuer,type="class")
nb1.pred.prob  = predict(nb1,Steuer,type="raw")
```

Aus den prognostizierten Klassenlabels erstellen wir die Konfusionsmatrix und den Klassifikationsfehler.

```
# Konfusionsmatrix
tab1 = table(Steuererklaerung,nb1.pred.class)
tab1

##                  nb1.pred.class
## Steuererklaerung falsch korrekt
##           falsch    332     577
##           korrekt   160    2931

Fehlklass1 = (tab1[1,2] + tab1[2,1])/sum(tab1)
Fehlklass1
## [1] 0.18425
```

Wir betrachten die a-posteriori-Wahrscheinlichkeiten für die Kombinationen der Objekteigenschaften. Die Wahrscheinlichkeit für eine gefälschte Steuererklärung steht in der ersten Spalte des Vektors `nb2.pred.prob`.

Mit der Funktion `by` lassen sich Ergebnisse gruppenweise erstellen. Wir wählen den Gruppenmittelwert, wobei hier die Werte innerhalb der Gruppen identisch sind.

```
# a posteriori Wahrscheinlichkeiten

by(nb1.pred.prob[,1],list(Geschlecht,Familienstand,Berufsstatus),
                     mean)
```

```
## : maennlich              ## : weiblich
## : nicht verheiratet      ## : nicht verheiratet
## : angestellt             ## : angestellt
## [1] 0.05303093           ## [1] 0.01538001
## -----------------------------------------------

## -----------------------------------------------
## : maennlich              ## : weiblich
## : verheiratet            ## : verheiratet
## : angestellt             ## : angestellt
## [1] 0.3968279            ## [1] 0.1550544
## -----------------------------------------------

## -----------------------------------------------
## : maennlich              ## : weiblich
## : nicht verheiratet      ## : nicht verheiratet
## : selbstaendig           ## : selbstaendig
## [1] 0.1930355            ## [1] 0.06254972
## -----------------------------------------------

## -----------------------------------------------
## : maennlich              ## : weiblich
## : verheiratet            ## : verheiratet
## : selbstaendig           ## : selbstaendig
## [1] 0.7375524            ## [1] 0.4394213
## -----------------------------------------------
```

Die Wahrscheinlichkeit für gefälschte Steuererklärungen ist in der Gruppe der männlichen, verheirateten, selbständigen Personen am größten.

Nun nehmen wir auch die quantitativen Merkmale Alter und Wochenarbeitsstunden ins Modell auf.

```
nb2 = naiveBayes(Steuererklaerung ~ Geschlecht + Familienstand +
    Berufsstatus + Alter + Wo_Stunden, data=Steuer)

nb2
```

Die a-priori-Wahrscheinlichkeiten und die bedingten Wahrscheinlichkeiten bezogen auf die qualitativen Merkmale ändern sich nicht, daher werden sie hier nicht noch einmal aufgelistet. Bei den quantitativen Merkmalen werden Mittelwert und Standardabweichung pro Klasse ausgegeben. Mit diesen Werten werden Dichtefunktionen der Normalverteilung gebildet, die an die Stelle der Wahrscheinlichkeiten von einzelnen Werten bei den qualitativen Merkmalen treten.

```
##           Alter
## Y              [,1]       [,2]
##    falsch  44.40484 10.64862
##    korrekt 36.38855 13.77139
##
##           Wo_Stunden
## Y              [,1]       [,2]
##    falsch  44.82690 10.89605
##    korrekt 38.75341 11.52485
```

```
nb2.pred.class = predict(nb2,Steuer,type="class")
nb2.pred.prob  =  predict(nb2,Steuer,type="raw")
```

```
# Konfusionsmatrix
tab2 = table(Steuererklaerung,nb2.pred.class)
tab2
```

```
##                  nb2.pred.class
## Steuererklaerung falsch korrekt
##           falsch    540     369
##           korrekt   407    2684
```

```
Fehlklass2 = (tab2[1,2] + tab2[2,1])/sum(tab2)
Fehlklass2
## [1] 0.194
```

Der Klassifikationsfehler hat sich gegenüber dem Modell ohne die quantitativen Merkmale erstaunlicherweise leicht erhöht.

Der Begriff *Support-Vector-Machine (SVM)* stammt aus dem Bereich des maschinellen Lernens. Das Verfahren wird vorrangig zur Klassifikation eingesetzt.

Während bei Klassifikationsbäumen das Klassenlabel durch Regeln zugewiesen wird, die geometrisch auch als Prognosebereiche mit linearen parallel zu den Koordinatenachsen verlaufenden Grenzen zu interpretieren sind, können bei Support-Vector-Machines ganz flexible Trennlinien als Grenzen bestimmt werden. Bei der Bestimmung dieser Grenzen kommen mathematische Verfahren aus der Optimierung zum Einsatz. Klassenhäufigkeiten bzw. -wahrscheinlichkeiten spielen hier keine Rolle.

Das Verfahren ist zunächst nur für zwei Klassen geeignet, es kann jedoch auf mehr als zwei Klassen übertragen werden.

13.1 Prinzip der Trennung der Klassen

Um das Prinzip der Vorgehensweise bei SVMs zu veranschaulichen, gehen wir von Daten mit zwei quantitativen und einem qualitativen Merkmal – dem Prognosemerkmal – aus, die durch eine Trennlinie in zwei Klassen eingeteilt werden sollen. Die Objekte sind also als Datenpunkte im zweidimensionalen Raum $\mathbf{R}^2$ darstellbar, die Trennlinie ist eine Kurve ebenfalls im $\mathbf{R}^2$.

Allgemein kann man sich die Konstruktion der Trennlinien der SVMs im $\mathbf{R}^2$ mit Hilfe von Funktionen von zwei Variablen $f : \mathbf{R}^2 \longrightarrow \mathbf{R}$ vorstellen. Eine Trennlinie T_c wird

© Springer Fachmedien Wiesbaden GmbH, ein Teil von Springer Nature 2020 179
M. von der Hude, *Predictive Analytics und Data Mining*,
https://doi.org/10.1007/978-3-658-30153-8_13

hierbei als Höhen- oder auch Isolinie der Funktion f gebildet, also als Linie, die Punkte mit demselben Funktionswert c verbindet. Sie lässt sich schreiben als

$$T_c = \{(x_1, x_2) \in \mathbf{R}^2 : f(x_1, x_2) = c\}.$$

Um eine gute Trennung der Klassen zu erzielen, wird eine Funktion f gesucht, für die es eine Höhenlinie T_c gibt, die die Punkte *gut* voneinander trennt, wobei das Gütekriterium noch zu spezifizieren ist. Anschaulich ist natürlich klar, dass möglichst keine oder nur wenige Punkte „auf der falschen Seite der Trennlinie" liegen sollten. Üblicherweise wird die Funktion so gewählt, dass die gesuchte Höhenlinie die Punkte mit dem Funktionswert 0 verbindet :
$T_0 = \{(x_1, x_2) \in \mathbf{R}^2 : f(x_1, x_2) = 0\}$.

Im einfachsten Fall sind die Objekte wie in der Grafik 13.1 durch eine Gerade trennbar, man spricht dann von *linearer Trennbarkeit*.

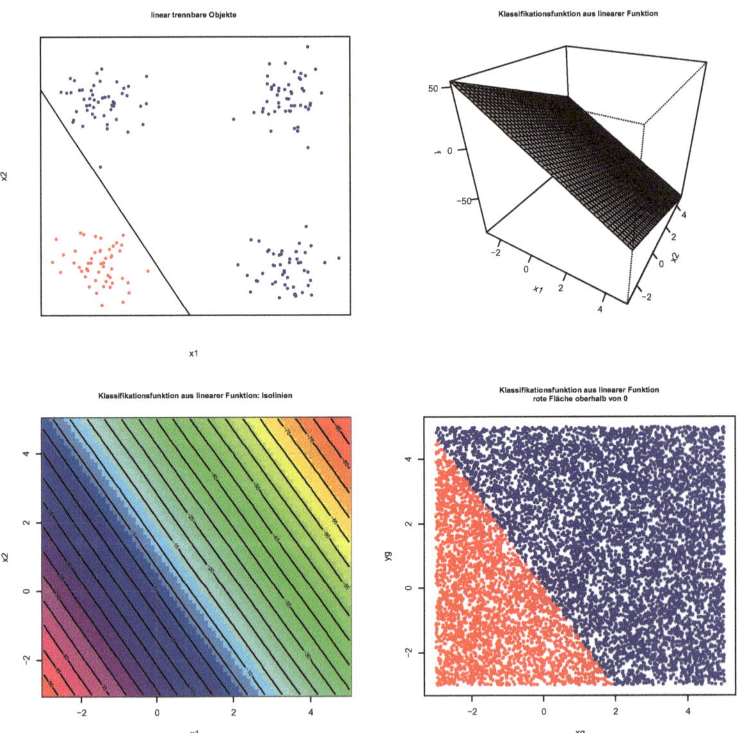

Abb. 13.1 Linear trennbare Daten im $\mathbf{R}^2$, die „OR-Konstellation"

Die Grafiken 13.1 stellen auf verschiedene Arten die lineare Trennbarkeit der Datenpunkte dar:

1. Die erste Grafik zeigt die Punktwolke im $\mathbf{R}^2$ mit einer Geraden, die die blauen und roten Punkte voneinander trennt.
2. Die zweite Grafik zeigt die Funktion $f : \mathbf{R}^2 \longrightarrow \mathbf{R}$ als Fläche – hier ist es eine Ebene – im dreidimensionalen Raum, die die Tennlinie als Höhenlinie T_0 liefert.
3. Die dritte Grafik zeigt die Funktion als Konturdarstellung mit Angabe der Höhenlinien.
4. Die vierte Grafik zeigt die Prognosebereiche, die durch die Höhenlinie T_0 generiert werden.

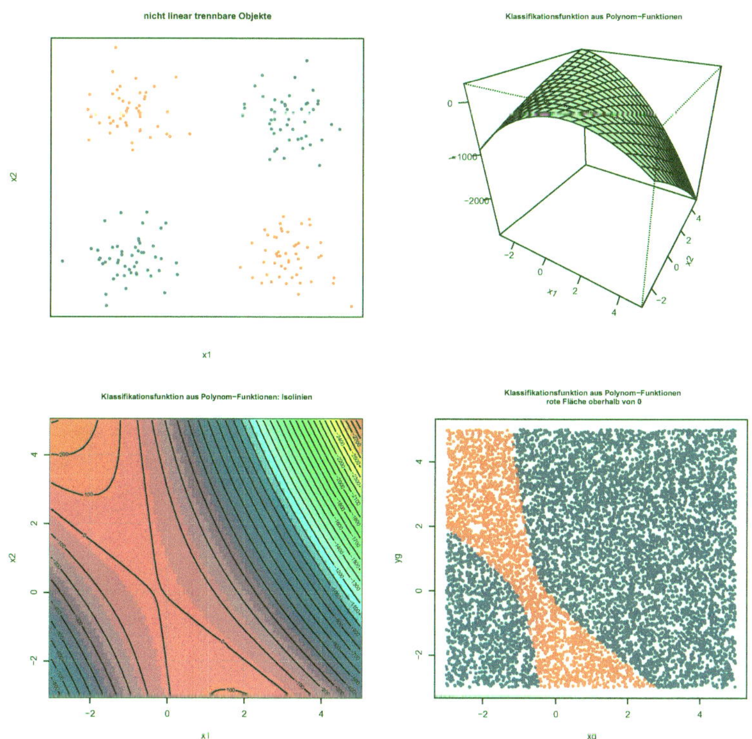

Abb. 13.2 Durch Polynome trennbare Daten im $\mathbf{R}^2$, die „XOR-Konstellation"

Sind die Daten nicht linear trennbar, so können die Bereiche durch andere Funktionstypen erzeugt werden. In den Grafiken 13.2 und 13.3 sind die Punkte durch Höhenlinien trennbar, die durch Polynome generiert werden können, während in 13.4 die Verteilung der Punkte in den Klassen sehr unregelmäßig ist, so dass eine sehr flexible Funktion f gesucht ist. Radial-Basis-Funktionen sind für solche Konstellationen gut geeignet. Diese Funktionstypen werden weiter unten behandelt.

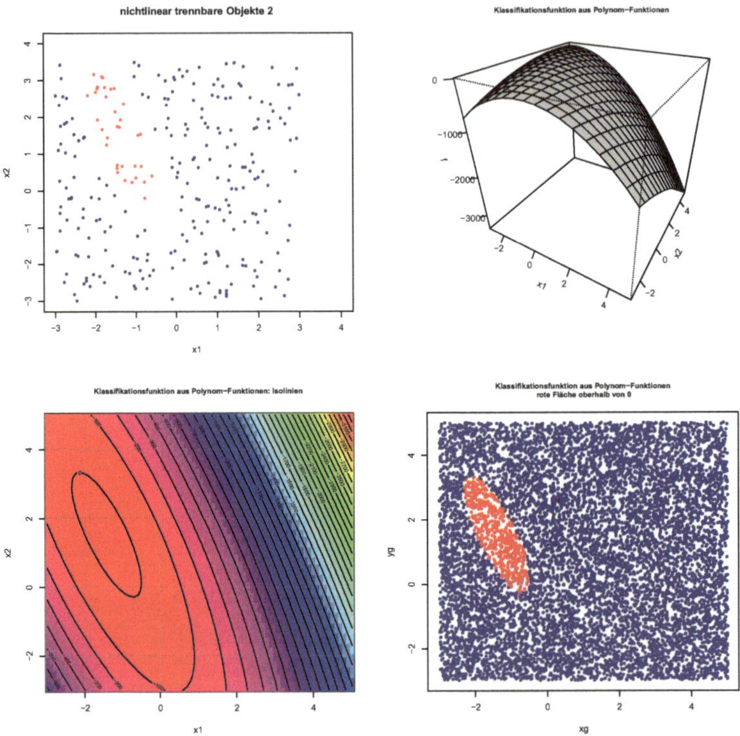

Abb. 13.3 Durch Polynome trennbare Daten im $\mathbf{R}^2$

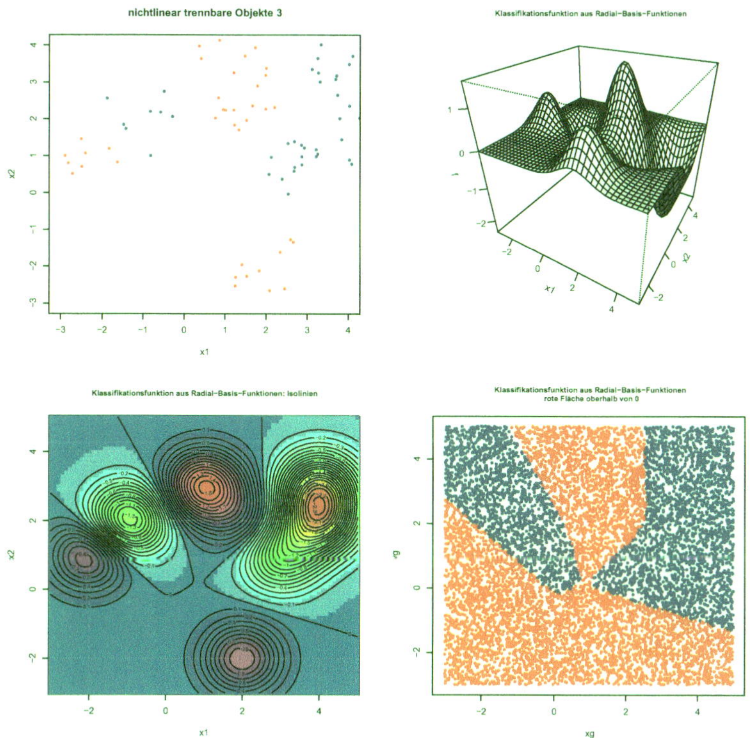

Abb. 13.4 Durch Radial-Basis-Funktionen trennbare Daten im $\mathbf{R}^2$

13.2   Linear trennbare Daten

Wir betrachten zunächst den Fall, dass die Objekte **linear trennbar** sind.

Ebenen haben lineare Höhenlinien, es wird also eine passende Ebenengleichung gesucht. Ebenengleichungen sind von der Form

$$f(x_1, x_2) = \beta_0 + \beta_1 x_1 + \beta_2 x_2$$

Fasst man x_1 und x_2 und β_1 und β_2 jeweils zu Vektoren $\mathbf{x}$ und β zusammen, so lässt sich die Gleichung in vektorieller Form schreiben

$$f(\mathbf{x}) = \beta_0 + \beta^T \mathbf{x}, \quad (\beta_0 \in R, \ \mathbf{x} \in R^2, \ \beta \in R^2).$$

Diese Schreibweise lässt sich ganz einfach auf Daten höherer Dimension übertragen, man spricht im $p-$dimensionalen Fall von Hyperebenen. Es gilt dann $\mathbf{x} \in R^p$ und $\beta \in R^p$

Für die weiteren Erläuterungen der Suche nach einer geeigneten Trenngeraden bleiben wir bei dem anschaulichen Fall der Daten im R^2. Um die Gerade soll ein möglichst breiter datenfreier Streifen *(margin)* zwischen den Klassen gebildet werden können; denn je breiter

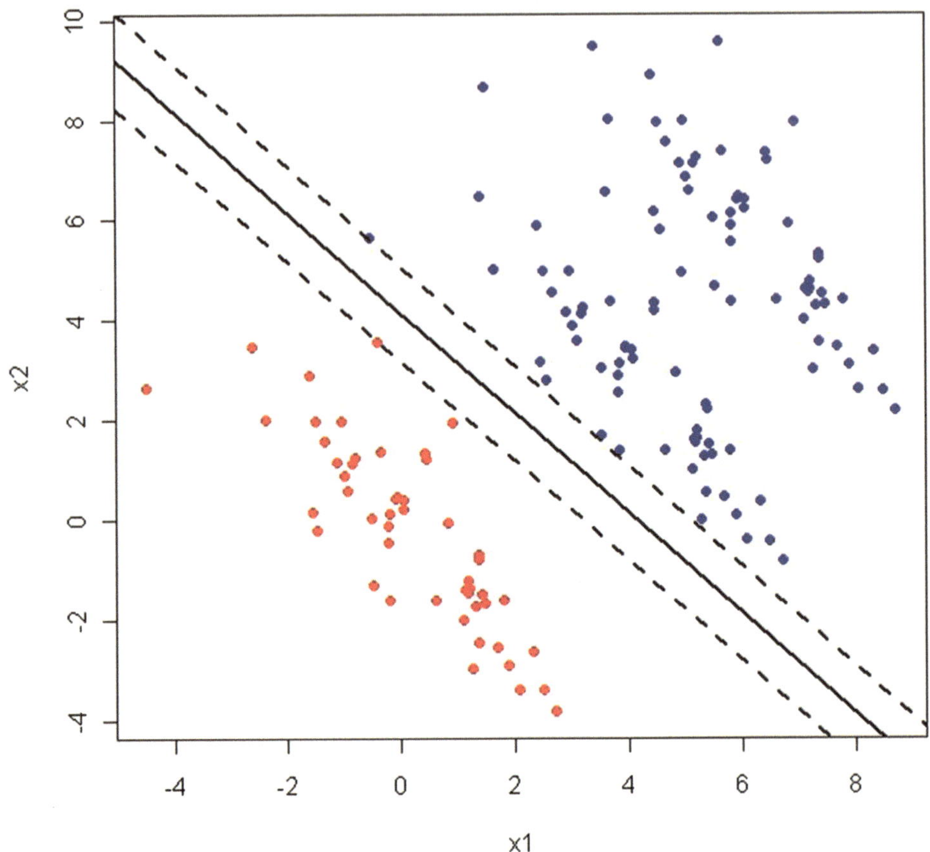

Abb. 13.5 Durch Radial-Basisfunktionen trennbare Daten im $\mathbf{R}^2$

der Streifen ist, umso mehr kann man der Trennlinie „vertrauen", die Klassen sind dann klar voneinander abgegrenzt (Abb. 13.5).

Die Suche nach der geeigneten Trennlinie stellt also eine Optimierungsaufgabe dar, bei der die Breite des Trennstreifens maximiert werden soll.

Wenn die Klassen in den Lerndaten linear trennbar sind, und wenn es einen datenfreien Streifen zwischen den Punkten der beiden Klassen gibt, so können die Koeffizienten β_0 und $\beta = (\beta_1, \beta_2)$ der Funktion f so gewählt werden, dass in den n Lerndaten $\mathbf{x}_i$, $i = 1, \ldots, n$ gilt

$f(\mathbf{x}_i) = \beta_0 + \beta^T \mathbf{x}_i \geq +1$, falls das Objekt i zu Klasse 1 gehört

$f(\mathbf{x}_i) = \beta_0 + \beta^T \mathbf{x}_i \leq -1$, falls das Objekt i zu Klasse 2 gehört

Die Datenpunkte $\mathbf{x}_i$, bei denen die Gleichheit gilt ($f(\mathbf{x}_i) = \pm 1$), liegen genau auf dem Rand des Streifens. Dies sind die *Supportvektoren, die Stützvektoren,* sie *stützen* den Randbereich des Streifens.

Die Forderung, dass die Stützvektoren den Funktionswert ± 1 haben sollen, stellt eine Nebenbedingung bei der Suche nach der optimalen Trennlinie dar. Optimierungsaufgaben mit Nebenbedingungen können mit dem Lagrange-Ansatz gelöst werden. Die genaue Vorgehensweise wird hier nicht vertieft.

Als Lösung erhält man einen Vektor β, der sich als Linearkombination, also als gewichtete Summe der Vektoren der Lerndaten schreiben lässt.

$$\beta = \sum_{i=1}^{n} \alpha_i \mathbf{x}_i, \ \alpha_i \in \mathbf{R}, \mathbf{x}_i \in \mathbf{R}^2$$

Es sind sogar nur die Support-Vektoren für die Darstellung nötig, für die restlichen Trainingsdaten erhält man $\alpha_j = 0$.

Neue Objekte $\mathbf{z}$ werden klassifiziert durch das Vorzeichen von $f(\mathbf{z})$.

$$f(\mathbf{z}) = \beta_0 + \mathbf{z}^T \cdot \beta = \beta_0 + \mathbf{z}^T \cdot \sum_{i=1}^{n} \alpha_i \mathbf{x}_i = \beta_0 + \sum_{i=1}^{n} \alpha_i \mathbf{z}^T \cdot \mathbf{x}_i.$$

Die Trainingspunkte $\mathbf{x}_i$, $i = 1, \ldots, n$ sowie die neuen Punkte tauchen nur im Skalarprodukt $\mathbf{z}^T \cdot \mathbf{x}_i$ auf.

Skalarprodukte sind einfach zu berechnen, da sie als Operationen nur die Addition und Multiplikation enthalten. Auf diese Eigenschaft wird auch bei komplizierteren Trennlinien geachtet. Dies wird weiter unten behandelt.

13.3 Lineare Trennbarkeit mit Ausnahmepunkten

Manchmal streuen die Punkte der Lerndaten stark, so dass höchstens ein sehr schmaler datenfreier Streifen gefunden werden kann. Wenn erkennbar ist, dass die Punkte im Prinzip durch einen breiteren Trennbereich, der jedoch einige Datenpunkte enthält, also nicht komplett datenfrei ist, getrennt werden könnten, so ist es meist besser, die Linie mit diesem breiteren Trennbereich zu wählen. In der Regel führt so ein breiterer Bereich zu einer besseren Prognosegüte bei neuen Objekten als ein schmaler perfekt trennender, da er sich nicht zu sehr an die Lerndaten anpasst, Overfitting wird also vermieden. Außerdem könnte der schmalere Streifen durch eine kleine Änderung in den Daten zu einer ganz anderen Trennlinie führen.

Oft gibt es wie in der Grafik 13.6 aufgrund starker Streuung nicht einmal einen schmalen Streifen, der die Punkte perfekt trennen würde; man kann jedoch trotzdem eine lineare Trennung mit einigen Ausnahmepunkten erkennen. Auch in diesem Fall wird eine geeignete lineare Trennlinie gesucht. Hierbei wird durch einen Parameter gesteuert, wie stark die Begrenzungen des Trennbereichs bzw. die Trennlinie überschritten werden dürfen. In der Grafik 13.6 sind drei Ausnahmepunkte x_1, x_2 und x_3 in der Klasse der roten Punkte zu erkennen, sowie ein blauer Ausnahmepunkt x_4. x_1 liegt im Streifen, der eigentlich datenfrei sein sollte, x_2 überschreitet die Trennlinie, und x_3 liegt sogar im Bereich der blauen Klasse außerhalb des Trennstreifens. Auch die Ausnahmepunkte zählen zu den Support-Vektoren.

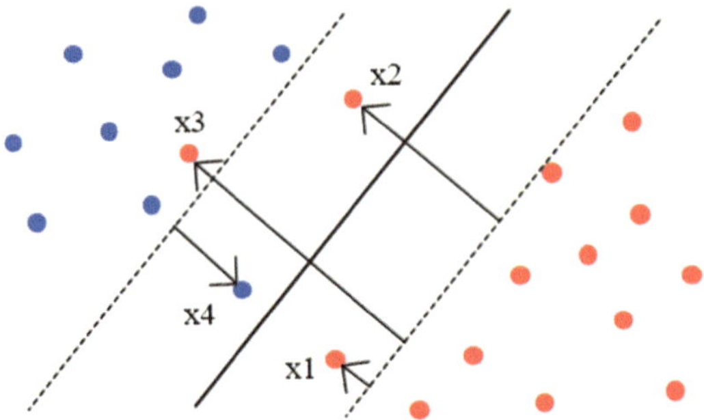

Abb. 13.6 Lineare Trennbarkeit mit Ausnahmepunkten

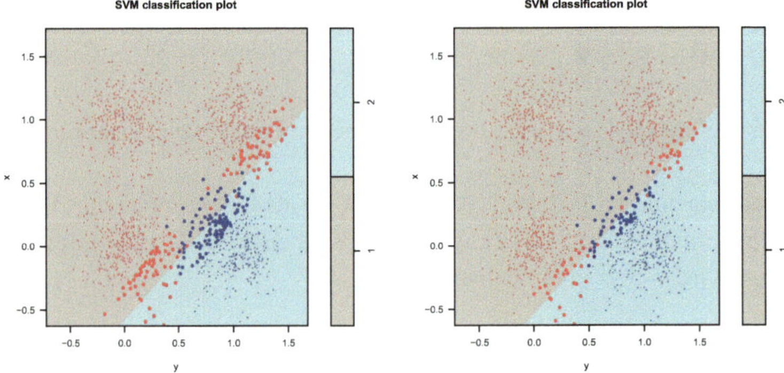

Abb. 13.7 Lineare Trennbarkeit mit Ausnahmepunkten Grafik 1: $C = 0.1, 233$ Support-Vektoren (SV) Grafik 2: $C = 10, 126$ SV

Bei der Suche nach der optimalen Trennfunktion f kann durch einen sogenannten *Tuning-parameter* C gesteuert werden, wie stark die Überschreitungen sein dürfen, indem dies als weitere Nebenbedingung bei der Optimierung berücksichtigt wird. Je größer C gewählt wird, umso stärker werden Überschreitungen „bestraft", umso schmaler wird daher der Trennbe-reich. Damit gehören weniger Trainingsdaten zu den Support-Vektoren. In den Grafiken 13.7 sind die Support-Vektoren fett dargestellt.

13.4 Nicht linear trennbare Bereiche

In der Grafik 13.8 links sind zweidimensionale Daten aus zwei Klassen dargestellt, die nicht linear trennbar sind aber ganz leicht durch einen Kreis trennbar wären. In der Grafik 13.8 rechts sind diese Daten nach Transformation in den 3-dimensionalen Raum dargestellt, so dass nun eine Trennung durch eine Ebene, also eine lineare Funktion im 3-dimensionalen Raum möglich wäre.

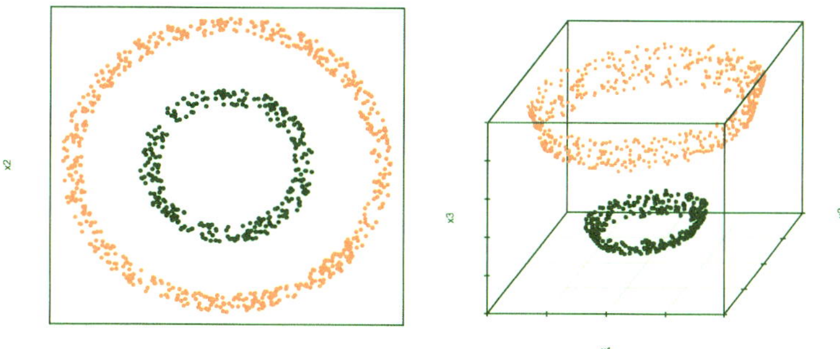

Abb. 13.8 nichtlinear trennbare Daten, kreisförmige Trennlinie

Abb. 13.9 nichtlinear
trennbare Daten, polynomiale
Trennlinie

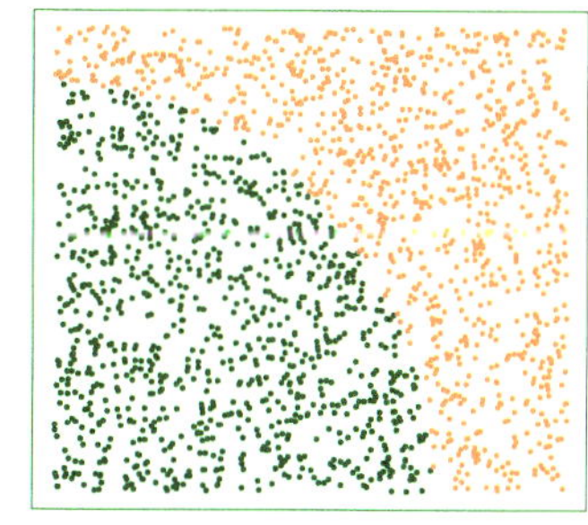

Die Daten in der Grafik 13.9 wurden so erzeugt, dass sie von einer polynomialen Trennlinie in zwei Klassen eingeteilt werden könnten. Die Funktionsgleichung des Polynoms lautet:

$$7x_1^2 + 4x_1 + 5x_2^2 + 2x_2 - 900 = 0.$$

Wenn man die Terme x_1^2, x_1, x_2^2, und x_2 umbenennt und zu einem Vektor $\widetilde{\mathbf{x}} = (\widetilde{x_1}, \widetilde{x_2}, \widetilde{x_3}, \widetilde{x_4})$ zusammenfasst, so kann man sie als Koordinaten im vierdimensionalen Raum auffassen. Fügt man auch die Koeffizienten der Polynomterme zu einem Vektor $\beta = (7, 4, 5, 2,)$ zusammen, so lautet die Trenngleichung in Vektorform:

$$\beta_0 + \beta^T \widetilde{\mathbf{x}} = -900 + (7, 4, 5, 2)^T (\widetilde{x_1}, \widetilde{x_2}, \widetilde{x_3}, \widetilde{x_4}) = 0 \text{ mit } \beta_0 = -900.$$

Dies ist eine lineare Gleichung mit den Variablen $\widetilde{x_1}, \ldots, \widetilde{x_4}$, d. h. durch die Transformation ergibt sich eine lineare Trennbarkeit in diesem höherdimensionalen Raum.

Neue Objekte $\mathbf{z}$ werden auch zunächst transformiert in $\widetilde{\mathbf{z}}$ und werden dann wieder klassifiziert durch das Vorzeichen von $f(\widetilde{\mathbf{z}})$.

$$f(\widetilde{\mathbf{z}}) = \beta_0 + \widetilde{\mathbf{z}}^T \cdot \beta = \beta_0 + \sum_{i=1}^{n} \alpha_i \widetilde{\mathbf{z}}^T \cdot \widetilde{\mathbf{x}}_i.$$

Ist die Transformationsfunktion kompliziert, so kann der Rechenaufwand sehr groß werden. Es gibt Funktionen, die dasselbe Ergebnis liefern wie das Skalarprodukt von zwei transformierten Vektoren, die aber relativ einfach zu berechnen sind. Diese Funktionen heißen *Kernfunktionen* (englisch: *kernel functions*).

Man den Kernfunktionen k bildet man dann

$$f(\mathbf{z}) = \beta_0 + \sum_{i=1}^{n} \alpha_i k(\mathbf{x}_i, \mathbf{z})$$

Gebräuchliche Kernfunktionen sind

1. $k(\mathbf{x}, \mathbf{z}) = \mathbf{z}^T \mathbf{x}$, eine lineare Kernfunktion, kurz *linearer Kern*
2. $k(\mathbf{x}, \mathbf{z}) = (\gamma \cdot \mathbf{z}^T \mathbf{x} + \mathbf{c}_0)^d$, ein polynomialer Kern zum Grad d
3. $k(\mathbf{x}, \mathbf{z}) = e^{-\gamma \cdot \|\mathbf{x} - \mathbf{z}\|^2}$, $\gamma > 0$, eine Radial-Basis-Funktion.

Die Verwendung der Kernfunktionen führt zu einer effizienteren Berechnungsmöglichkeit von $f(\mathbf{z})$; denn es werden in $k(\mathbf{x}, \mathbf{z})$ zunächst die Skalarprodukte der Vektoren berechnet (im Fall der Radial-Basis-Funktion ist es das Skalarprodukt des Differenzvektors mit sich selbst). Anschließend kann noch eine Transformation erfolgen, die aber auf den Skalaren, also auf reellen Zahlen ausgeführt wird. Eine Transformation der Vektoren erfolgt nicht.

Wir betrachten die drei Kernfunktionstypen:

1. Der lineare Kern entspricht der linearen Trennbarkeit ohne Transformation.
2. Der polynomiale Kern entspricht einer Polynomtransformation der Vektorkoordinaten mit speziellen Koeffizienten. Durch die Summenbildung lässt sich jedes beliebige Polynom d-ten Grades darstellen.
3. Die Radial-Basis-Funktionen führen zu den flexibelsten Trennlinien. Durch $\|\mathbf{x} - \mathbf{z}\|$ wird nur der Abstand eines neuen Punktes $\mathbf{z}$ von einem Punkt $\mathbf{x}$ betrachtet, in $f(\mathbf{z}) = \beta_0 + \sum_{i=1}^{n} \alpha_i k(\mathbf{x}_i, \mathbf{z})$ geht also die gewichtete Summe der quadrierten Abstände des neuen Objekts von den Lerndaten ein.
   Die Werte α_i sind i. d. R. für eine Klasse positiv, für die andere negativ; dadurch kommt ein Gebirge zustande, das für eine Klasse besonders hohe und für die andere Klasse besonders niedrige Werte $f(\mathbf{z})$ liefert. In der Grafik 13.10 ist eine aus Radial-Basis-Funktionen zusammengesetzte Funktion f links als Flächengrafik und rechts als Höhenliniengrafik abgebildet. Die entsprechenden Prognosebereiche sind in Abb. 13.11 dargestellt.
   Bei den Radial-Basis-Funktionen steuert der Parameter γ, welches Gewicht die Abstände der einzelnen Punkte der Lerndaten von $\mathbf{z}$ haben. Ein großer Wert führt zu einer schwachen Gewichtung der Punkte mit großem Abstand. Dies hat zur Folge, dass die Funktion sehr stark lokal auf die einzelnen Lerndaten zugeschnitten ist.

Auch die nichtlinearen Trennfunktionen werden so gewählt, dass es einen möglichst breiten datenfreien Streifen gibt, wobei auch hier Ausnahmepunkte zugelassen sein können. Mit

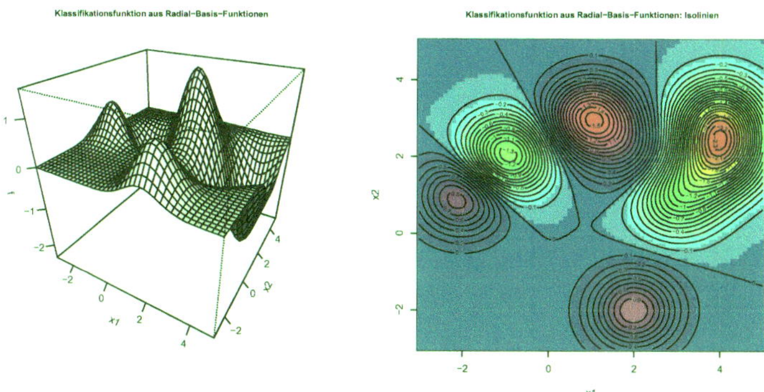

Abb. 13.10 Klassifikationsfunktion durch Radial-Basis-Funktionen, links Darstellung als Fläche in 3D, rechts als Isoliniengrafik

Abb. 13.11 Prognosebereiche

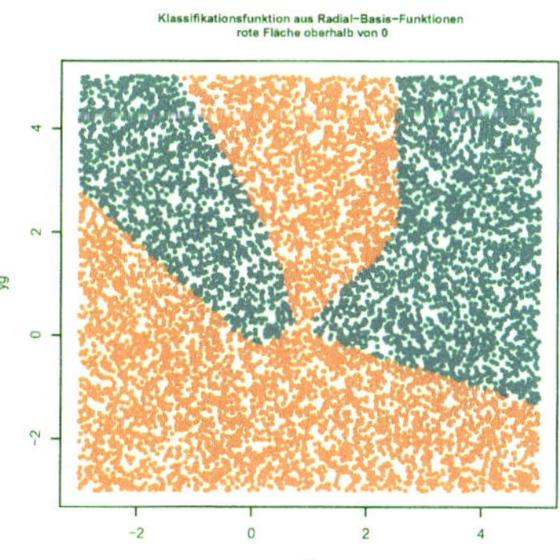

dem Strafterm C wird wie bei linearen Trennfunktionen die Anzahl und Lage der Ausnahmepunkte gesteuert, was auch hier die Anzahl der Support-Vektoren und die Breite des Trennbereichs bestimmt. Ein größerer Wert C „bestraft die Ausnahmepunkte", verkleinert den Trennbereich und führt damit zu weniger Support-Vektoren.

Im Abschn. 13.5 werden nichtlinear trennbare Daten mit den verschiedenen Kernansätzen in zwei Klassen getrennt. In den Grafiken 13.14 und 13.15 sind die Auswirkungen verschiedener Werte für γ und C zu erkennen. Die Support-Vektoren sind als dickere Punkte erkennbar. Je größer γ ist, umso stärker sind die Prognosebereiche „zerklüftet" und je größer C ist, umso schmaler ist der Trennbereich, umso mehr Support-Vektoren gibt es.

Welche Parameterkombination (C, γ) am besten geeignet ist, um eine hohe Vorhersagegenauigkeit zu erzielen, hängt von den jeweiligen Daten ab. Die Vorhersagegenauigkeit eines Modells kann mit Hilfe von Testdaten bzw. per Kreuzvalidierung ermittelt werden. Durch geeignete Suchverfahren kann die für die Daten geeignete Kombination (C, γ) ermittelt werden. Dies wird im letzten Schritt im R-Beispiel 13.5 durchgeführt.

13.5　Beispiel: Daten der XOR-Konstellation

Für die Durchführung in R wählen wir die Daten der XOR-Konstellation im $\mathbf{R}^2$. Dazu werden für Klasse 1 Zufallspunkte erzeugt, die um $(0, 0)$ und $(1, 1)$ streuen und für Klasse 2 Zufallspunkte um $(0, 1)$ und $(1, 0)$.

```
# Daten nach dem XOR-Schema :
# 2 Klassen
# Klasse 1: um  (1,1) und (0,0)
# Klasse 2: um  (0,1), (1,0)


set.seed(5)
N = 2000
N4 = N/4

s = 0.2     # Standardabweichung der Zufallszahlen

# Klasse 1
# Klasse 1:  je N/4 Trainingsdaten um die Punkte (1,1) und (0,0)
x1 = rnorm(N4,1,s)
y1 = rnorm(N4,1,s)

x2 = rnorm(N4,0,s)
y2 = rnorm(N4,0,s)

# Klasse 2: je N/4 Trainingsdaten um die Punkte (1,0) und (0,1)

x3 = rnorm(N4,1,s)
y3 = rnorm(N4,0,s)

x4 = rnorm(N4,0,s)
y4 = rnorm(N4,1,s)

# Vektoren zusammenfassen:
x = c(x1,x2,x3,x4)
y = c(y1,y2,y3,y4)

# Hier wird die Klassenzugehörigkeit festgelegt:
cl = factor(c(rep(1,N/2),rep(2,N/2))) # Klassenindex
Daten = data.frame(x,y,cl)
# Ende XOR-Schema ------------------------------------------------------

table(cl)

## cl
##    1    2
```

```
## 1000 1000
```

Um die Prognosegüte verschiedener Modelle vergleichen zu können, teilen wir die Daten in Trainings- und Testdaten ein.

```
# Einteilung in Trainings- und Testdaten
# Zufallsauswahl von 75% der Zeilenindizes
prozent75 = ceiling(N*0.75)
trainings.index =  sample(N,prozent75)

train = Daten[trainings.index,] #alle Spalten
# Auswahl der restlichen Zeilen, nur Prädiktorspalten
test.menge = Daten[-trainings.index,1:2]
# Klassenlabel der Testmenge
cl.test = factor(Daten[-trainings.index,3])

library(e1071) # enthaelt svm
```

13.5.1 Linearer Kern

Wir starten die Analyse mit einem linearen Kern, also dem Versuch, die Daten durch eine lineare Funktion zu trennen.

```
Kern = "linear"
m.lin = svm(cl~.,train,kernel=Kern,cost=10)
summary(m.lin)

##
## Call:
## svm(formula = cl ~ ., data = train,
##             kernel = Kern, cost = 10)
##
##
## Parameters:
##     SVM Type:  C classification
##   SVM-Kernel:  linear
##         cost:  10
##        gamma:  0.5
##
## Number of Support Vectors:  1484
##
## ( 742 742 )
##
##
## Number of Classes:  2
```

```
##
## Levels:
##   1 2
```

Es gibt insgesamt 1484 Support-Vektoren (in der Grafik 13.12 als fette Punkte dargestellt), je 742 in beiden Klassen.

Der Parameter γ ist hier ohne Bedeutung, der Strafterm C steuert theoretisch die Breite des Trennbereichs. Die grafische Darstellung 13.12 zeigt, dass eine lineare Trennung ganz offensichtlich nicht adäquat ist. Daher verzichten wir auf eine Veränderung von C sowie auf die Evaluation durch die Konfusionsmatrix.

```
plot(m.lin,train,svSymbol = 20,dataSymbol=".",
     symbolPalette = c("red","blue"),
        col=c("grey","lightblue"))
# Die Standardfarbwahl wird verändert.
```

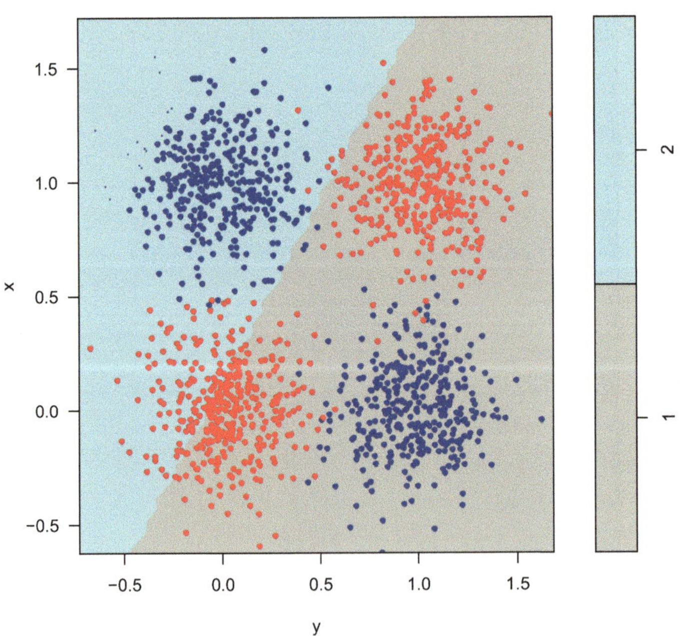

Abb. 13.12 Daten in XOR-Konstellation, Versuch einer linearen Trennung

13.5.2 Polynomialer Kern

Im nächsten Schritt wird eine polynomiale Trennung durchgeführt. Wir wählen ein Polynom zweiten Grades (degree=2) und vergleichen die Ergebnisse der Strafterme $C = 1$ und $C = 10$. Wie der Ausgabe und auch den Grafiken 13.13 zu entnehmen ist, verringert sich bei $C = 10$ der Trennbereich und damit die Anzahl der Support-Vektoren von 43 auf 31 pro Klasse. Bei der Prognosegüte auf den Testdaten gibt es hier keinen Unterschied zwischen den Straftermen, daher wird nur ein Ergebnis aufgelistet.

```
Kern = "polynomial"
m.poly.c1 = svm(cl~.,train,degree=2,kernel=Kern,cost=1,gamma=1)
summary(m.poly.c1)


##
## Call:
## svm(formula = cl ~ ., data = train, degree = 2, kernel = Kern,
##         cost = 1, gamma = 1)
##
##
## Parameters:
##     SVM-Type:  C-classification
##   SVM-Kernel:  polynomial
##         cost:  1
##       degree:  2
##        gamma:  1
##       coef.0:  0
##
## Number of Support Vectors:   86
```

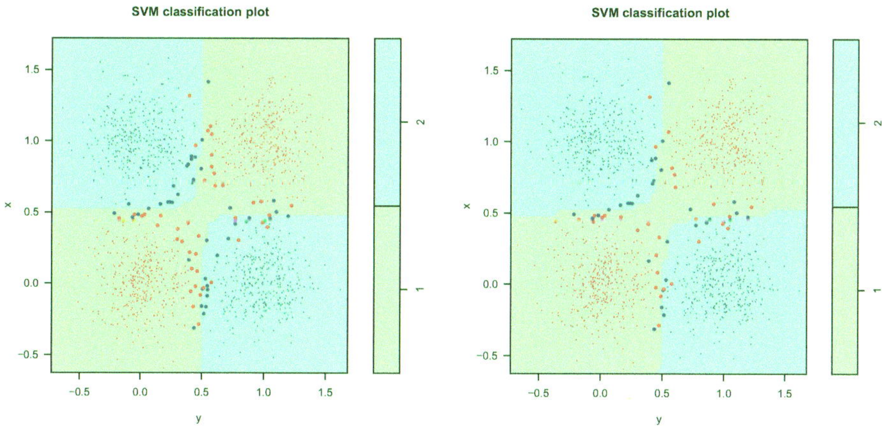

Abb. 13.13 Daten in XOR-Konstellation, polynomiale Trennung, links $C = 1$, rechts $C = 10$

```
##
##  ( 43 43 )
##
##
## Number of Classes:  2
##
## Levels:
##  1 2
```

```
Kern = "polynomial"
m.poly.c10 = svm(cl~.,train,degree=2,kernel=Kern,
                                    cost=10,gamma=1)
summary(m.poly.c10)
```

```
##
## Call:
## svm(formula = cl ~ ., data = train, degree = 2,
##          kernel = Kern, cost = 10, gamma = 1)
##
##
## Parameters:
##    SVM-Type:  C-classification
##  SVM-Kernel:  polynomial
##        cost:  10
##      degree:  2
##       gamma:  1
##      coef.0:  0
##
## Number of Support Vectors:  62
##
##  ( 31 31 )
##
##
## Number of Classes:  2
##
## Levels:
##  1 2
```

```
# Klasse für Testdaten vorhersagen und
# Konfusionsmatrix betrachten:
ypred=predict(m.poly.c1,test.menge)
table(Prognose=ypred, echt=cl.test)
```

```
##          echt
## Prognose   1    2
##        1 253    0
##        2   5  242
```

```
# Anteil korrekter Klassifikationen
mean(ypred == cl.test)*100
## [1] 99
```

13.5.3 Radial-Basis-Funktionen

Jetzt wählen wir für die Trennung der Klassen Radial-Basis-Funktionen.

```
Kern = "radial"
m.radial = svm(cl~.,train,kernel=Kern, cost=1,gamma=1)
summary(m.radial)

##
## Call:
## svm(formula = cl ~ ., data = train, kernel = Kern,
##                                        cost = 1, gamma = 1)
##
##
## Parameters:
##     SVM-Type:  C-classification
##   SVM-Kernel:  radial
##         cost:  1
##        gamma:  1
##
## Number of Support Vectors:   114
##
## ( 58 56 )
##
##
## Number of Classes:  2
##
## Levels:
##  1 2
```

Die Grafiken 13.14 und 13.15 jeweils links unterscheiden sich kaum von den Grafiken des polynomialen Ansatzes zweiten Grades (Grafik 13.13). Erhöht man jedoch den Wert für γ (rechte Grafiken), so sind die Funktionen stärker auf einzelne Lerndaten zugeschnitten, mehr Datenpunkte werden als Support-Vektoren ausgewiesen.

```
# Klasse für Testdaten vorhersagen und
# Konfusionsmatrix betrachten:
ypred=predict(m.radial,test.menge)
table(Prognose=ypred, echt=cl.test)
```

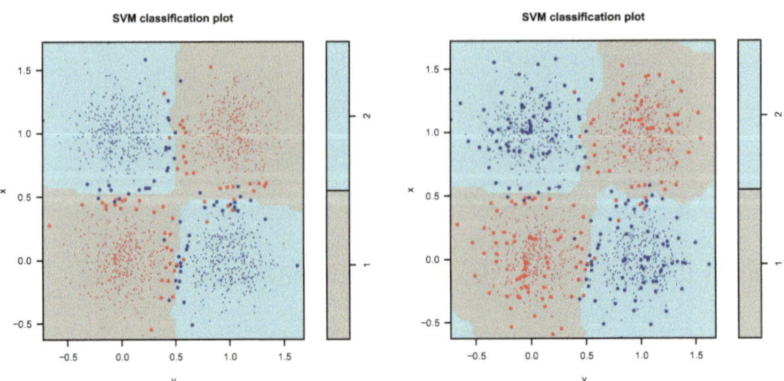

Abb. 13.14 Radial-Basis-Funktionen, Prognosebereiche $C = 1$ links $\gamma = 1$, rechts $\gamma = 10$

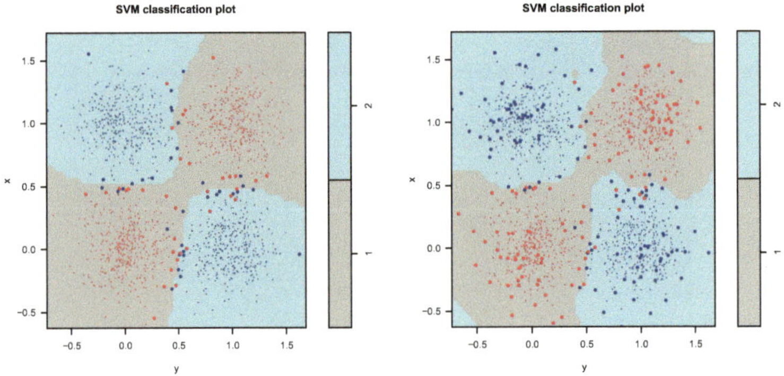

Abb. 13.15 Radial-Basis-Funktionen, Prognosebereiche $C = 10$ links $\gamma = 1$, rechts $\gamma = 10$

```
##          echt
## Prognose   1    2
##        1 255    0
##        2   3  242
```

```
# Anteil korrekter Klassifikationen
mean(ypred == cl.test)*100
## [1] 99.4
```

Die Prognosegüte ist nur geringfügig besser als beim polynomialen Ansatz.

Radial-Basis-Funktionen, Tuning des Modells

Im letzten Schritt starten wir mit `tune` eine Suche nach der optimalen (γ, C)-Konstellation für die Kombinationen $\gamma = 2^{-1}, 2^0, 2^1$ und $C = 2^1, \ldots, 2^4$. Die Fehlerrate wird automatisch durch 10-fache Kreuzvalidierung bestimmt und das Minimum gesucht.

```
c.gamma.getuned =tune(svm,cl~.,data=train,kernel="radial",
                ranges=list(gamma = 2^(-1:1), cost = 2^(1:4)))

# Hilfe zu tune ansehen!
# Es gibt auch Beispiele zum Tunen von knn und rpart.
summary(c.gamma.getuned)


##
## Parameter tuning of 'svm':
##
## - sampling method: 10-fold cross validation
##
## - best parameters:
##  gamma cost
##      1    4
##
## - best performance: 0.014
##
## - Detailed performance results:
##    gamma cost       error   dispersion
## 1    0.5    2 0.01466667 0.006885304
## 2    1.0    2 0.01466667 0.005258738
## 3    2.0    2 0.01600000 0.007166451
## 4    0.5    4 0.01533333 0.007730012
## 5    1.0    4 0.01400000 0.005837300
## 6    2.0    4 0.01400000 0.005837300
## 7    0.5    8 0.01466667 0.005258738
## 8    1.0    8 0.01400000 0.005837300
## 9    2.0    8 0.01400000 0.006629526
## 10   0.5   16 0.01400000 0.005837300
## 11   1.0   16 0.01466667 0.006885304
## 12   2.0   16 0.01666667 0.004714045


bestmod=c.gamma.getuned$best.model # bestes Modell speichern
summary(bestmod)


##
## Call:
## best.tune(method = svm, train.x = cl ~ ., data = train,
##                   ranges = list(gamma = 2^(-1:1),
##       cost = 2^(1:4)), kernel = "radial")
##
##
## Parameters:
##     SVM-Type:  C-classification
##   SVM-Kernel:  radial
##         cost:  4
##        gamma:  1
```

```
##
## Number of Support Vectors:   84
##
##  ( 42 42 )
##
##
## Number of Classes:   2
##
## Levels:
##   1 2


plot(bestmod,train,svSymbol = 20,dataSymbol=".",
     symbolPalette = c("red","blue"),col=c("grey","lightblue"))


# Klasse für Testdaten vorhersagen
# und Konfusionsmatrix betrachten:
ypred=predict(bestmod,test.menge)
table(Prognose=ypred, echt=cl.test)


##           echt
## Prognose   1    2
##        1 254    0
##        2   4 242


mean(ypred == cl.test)*100
## [1] 99.2
```

Die Prognosegüte auf den Testdaten ist bei dieser „besten Konstellation" sogar geringfügig schlechter als bei dem ersten nichtoptimierten Radial-Basis-Funktionen-Ansatz und auch vergleichbar mit der polynomialen Trennung. Das deutet darauf hin, dass die Unterschiede sowieso nur im Bereich von Zufallsschwankungen liegen, und auch ein einfaches Modell wie z. B. ein polynomiales gewählt werden kann.

13.6   Support Vector Machines für mehr als zwei Klassen

Das Standardverfahren für Support Vector Machines (SVMs) ist für zwei Klassen konzipiert. Für die Anwendung auf mehr als zwei Klassen gibt es viele Ansätze, hier werden zwei Standardansätze – die *OVA-* und die *OVO*-Methode –vorgestellt.

- Der Name *OVA* bedeutet *one versus all, einer gegen alle.*
  Die Vorgehensweise bei m Klassen:

1. Für jede Klasse $k = 1, \ldots, m$ wird eine separate Klassifikationsfunktion f_k erstellt, wobei jeweils Klasse k allen restlichen Klassen gegenübergestellt wird. Man erhält damit m verschiedene Klassifikationsfunktionen.
2. Für ein neues Objekt $\mathbf{z}$ wird der Funktionswert $f_k(\mathbf{z})$ für jede der m Funktionen berechnet. Es wird die Klasse gewählt, bei der das Objekt den größten Funktionswert annimmt, denn in dieser Klasse liegt das Objekt wohl am weitesten von der Grenze zu den anderen Klassen entfernt.

- Der Name *OVO* bedeutet *one versus one, jeder gegen jeden*.
  Die Vorgehensweise bei m Klassen:

1. Für jeweils zwei Klassen j und k der insgesamt m Klassen wird eine Klassifikationsfunktion $f_{j,k}$ erstellt. Man erhält damit $\binom{m}{2}$ verschiedene Klassifikationsfunktionen.
2. Ein neues Objekt $\mathbf{z}$ wird nun $\binom{m}{2}$-mal klassifiziert. Die Klasse, die ihm am häufigsten zugewiesen wurde, wird als endgültige Klasse gewählt. Es kann in ungünstigen Fällen zu einer unentschiedenen Situation kommen. In diesem Fall könnte auch wieder die Größe der Funktionswerte in die Entscheidung einbezogen werden.

In R wird die *OVO* Methode benutzt. Der Aufruf in R unterscheidet sich nicht von dem für zwei Klassen. Für die Beispielgrafik 13.16 wählen wir eine Einteilung in drei Klassen.

Abb. 13.16 SMV für 3 Klassen, Radial-Basis-Funktionen, $C = 1, \gamma = 1$

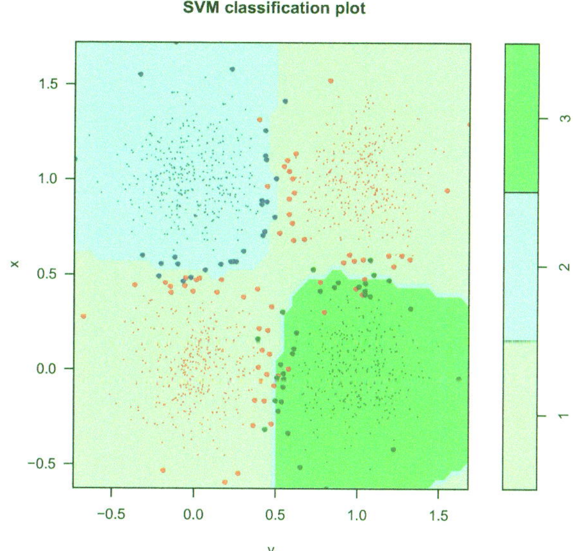

Mit neuronalen Netzen können Modelle zur Prognose von qualitativen und quantitativen Werten erstellt werden. Die Modellierung orientiert sich an biologischen Vorgängen im Gehirn. In aller Kürze und stark vereinfacht können diese Vorgänge wie folgt beschrieben werden: Das Gehirn besteht aus ca. 10^{10} Neuronen, die miteinander mehr oder weniger stark verbunden sind. Jedes Neuron hat eine verzweigte Input- und Output-Struktur. Die Verbindung zwischen dem Output eines Neurons und den Inputs anderer Neuronen besteht aus Synapsen. Ein Lernvorgang erfolgt, indem im Gehirn bestimmte Verbindungen (Synapsen) zwischen Neuronen gestärkt werden. Dieses Konzept wird auf Datenprognosen übertragen.

In diesem Buch wird ein kleiner Einstieg in die sehr umfangreiche Thematik gegeben. Es werden nur einfache Netze betrachtet.

14.1 Aufbau von neuronalen Netzen

Als Beispiel für den Aufbau eines ganz einfachen neuronalen Netzes betrachten wir die Modellierung der Abhängigkeit des Verkaufspreises einer Immobilie von deren Größe und Alter. Die Grafik 14.1 zeigt eine sehr einfache Netzkonfiguration für diese Abhängigkeit.

- x_0, x_1 und x_2 sind drei Inputneuronen, wobei x_1 und x_2 die Einflussvariablen Alter und Größe der Immobilie repräsentieren und x_0 den konstanten Wert 1 zugewiesen bekommt.
- $\hat{y}$ ist das Outputneuron, die zu prognostizierende Zielgröße, hier also der Immobilienpreis.
- Die Verbindungen zwischen den Inputneuronen und dem Outputneuron entsprechen den Synapsen im menschlichen Gehirn, die beim Lernen von Zusammenhängen gestärkt oder abgeschwächt werden.
- Die Stärkung oder Abschwächung der verschiedenen Synapsen wird durch die Gewichte w_0, w_1 und w_2 modelliert.

© Springer Fachmedien Wiesbaden GmbH, ein Teil von Springer Nature 2020   201
M. von der Hude, *Predictive Analytics und Data Mining*,
https://doi.org/10.1007/978-3-658-30153-8_14

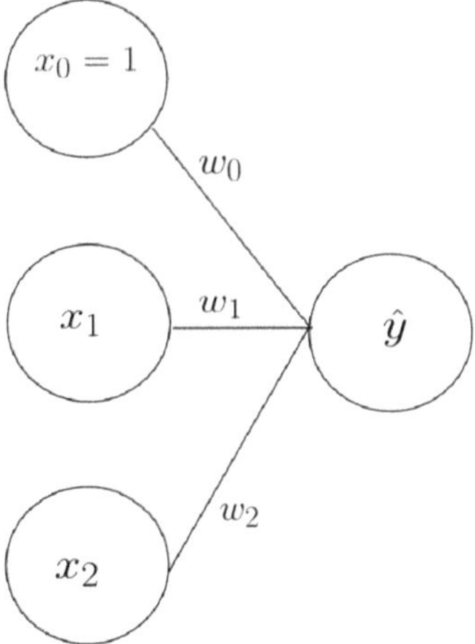

Abb. 14.1 einfaches neuronales Netz ohne Zwischenschicht

Die Bestimmung der Gewichte aus den Lerndaten mit dem Ziel, möglichst gute Prognosen treffen zu können, ist ein Baustein der Modellierung von neuronalen Netzen.

Die Gleichung dieses sehr einfachen Modells ist von der Form

$$\hat{y} = w_0 + w_1 x_1 + w_2 x_2 = \sum_{i=0}^{2} w_i x_i.$$

Dies ist die Formel für eine lineare Regressionsgleichung mit zwei Einflussvariablen. Die geometrische Darstellung ist eine Regressionsebene.

Mit neuronalen Netzen lassen sich sehr flexible Funktionen erstellen, indem zwischen Input- und Outputneuronen noch weitere Neuronen in sogenannten verdeckten Zwischenschichten *(hidden layers)* eingefügt werden. Mit zunehmender Anzahl von Schichten und Neuronen in diesen Schichten wird der Zusammenhang zwischen In- und Output immer komplexer. Die Darstellung des Zusammenhangs wird nicht mehr durch Funktionen beschrieben sondern nur noch durch die Topologie, also den Aufbau des Netzes. Man spricht daher bei neuronalen Netzen auch von einem *Black-Box-Verfahren*.

Bei hochkomplexen neuronalen Netzen mit vielen Zwischenschichten und vielen Neuronen in diesen Schichten spricht man vom *Deep Learning*. Solche Netze enthalten besonders viele Verbindungen, für die die Gewichte anzupassen sind. Dies ist nur möglich, wenn extrem viele Lerndaten vorhanden sind, was im *Big-Data*-Zeitalter nicht selten der Fall ist.

In den Abb. 14.2 und 14.3 sind neuronale Netze mit einer Zwischenschicht mit jeweils drei Neuronen dargestellt, wobei das oberste Neuron z_0 wieder für die Konstante 1 steht und keinen Input aus der vorherigen Schicht erhält. In der Outputschicht enthält das Netz in 14.2 nur ein Neuron für den Prognosewert, dies könnte ein Netz für eine Regressionfragestellung sein, während in 14.3 die drei Outputneuronen drei Klassen bei einer Klassifikationsfragestellung repräsentieren; das Neuron mit dem höchsten Wert gibt die prognostizierte Klasse an. Bei nur zwei Klassen genügt auch ein Outputneuron für die Wahrscheinlichkeit einer der Klassen.

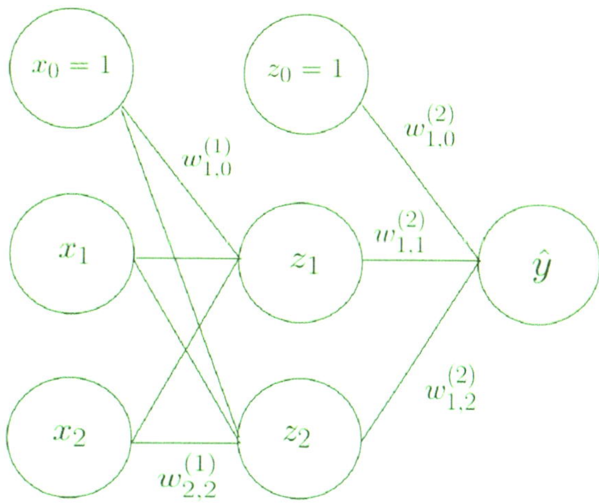

Abb. 14.2 neuronales Netz mit einer Zwischenschicht, Regressionsfragestellung

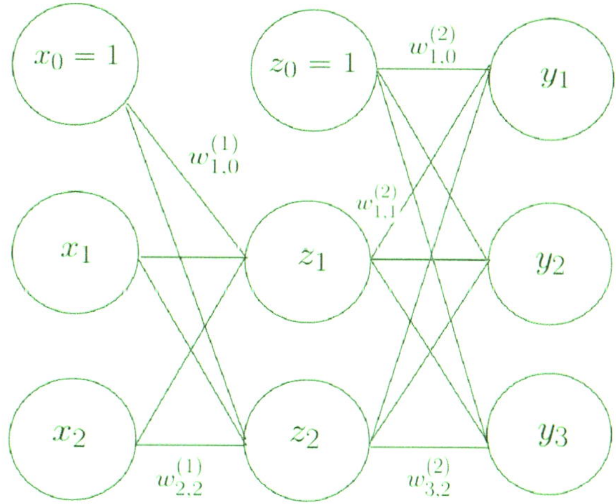

Abb. 14.3 neuronales Netz mit einer Zwischenschicht, Klassifikationsfragestellung

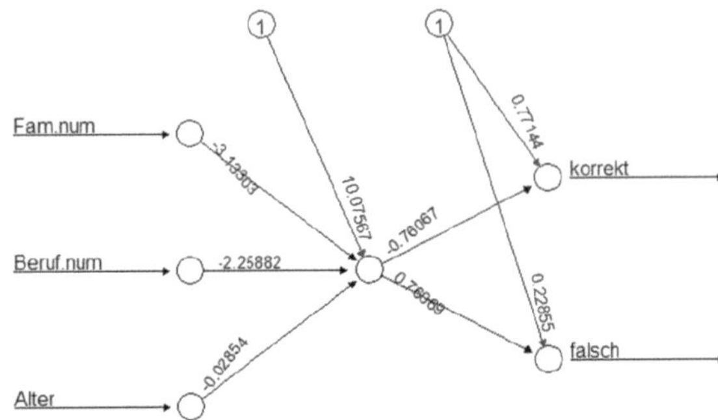

Abb. 14.4 neuronales Netz mit
einem Neuron in der
Zwischenschicht

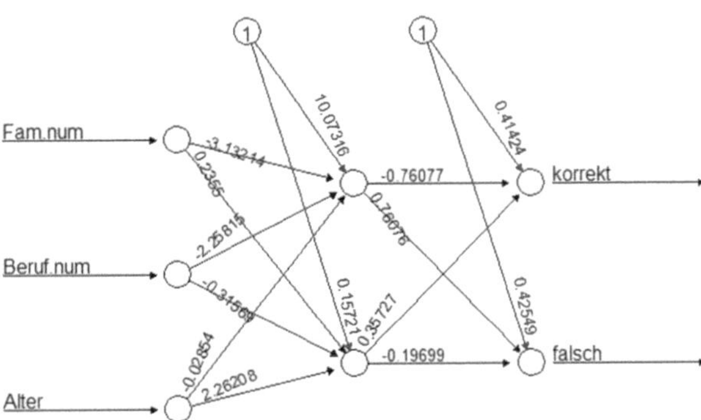

Abb. 14.5 neuronales Netz mit
zwei Neuronen in der
Zwischenschicht

Die Grafiken 14.4 und 14.5 zeigen neuronale Netze mit drei Inputvariablen und einem
bzw. zwei Neuronen in der Zwischenschicht für das Beispiel der Steuererklärungen. Die
Kategorien der Inputvariablen *Familienstand* und *Berufsstatus* wurden zuvor in numerische
Werte umgewandelt. Diese Netze mit Grafiken wurden mit der Funktion *neuralnet* aus der
gleichnamigen *library* erstellt.

14.2 Aktivierungsfunktion

Im Beispiel der Immobilienpreisvorhersage wurde der Wert des Outputneurons unmittelbar
als gewichtete Summe der Inputwerte berechnet. Bei Klassifikationsfragestellungen wird
meist eine sogenannte Aktivierungsfunktion g dazwischengeschaltet, die die gewichtete
Summe in den Bereich (0, 1) transformiert (Abb. 14.6).

Wir bezeichnen die gewichtete Summe mit a. Eine sehr gebräuchliche Aktivierungsfunktion ist

$$g(a) = \frac{1}{1 + e^{-a}}$$

Abb. 14.6 Aktivierungsfunktion
$g(a) = \frac{1}{1+e^{-a}}$

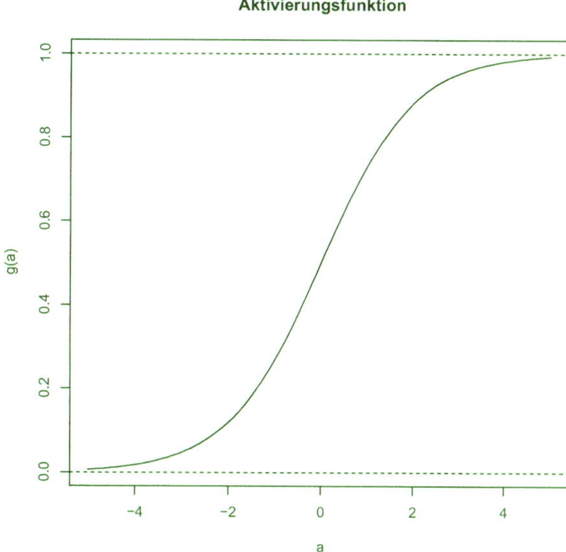

Man kann sich die Transformation als Stärke der Aktivierung des Neurons, im Beispiel des Outputneurons, vorstellen. Ist die gewichtete Summe a sehr klein, so ist $g(a)$ nahe 0, und es erfolgt keine oder nur eine sehr geringe Aktivierung. Anderenfalls ist $g(a)$ nahe 1, die Aktivierung ist stark.

Die Anwendung einer Aktivierungsfunktion ist nicht auf das Outputneuron beschränkt. In den Abb. 14.2 und 14.3 können auch die gewichteten Summen, die in die Neuronen der Zwischenschicht eingehen, mit einer Aktivierungsfunktion transformiert werden. Dies ist bei typischen neuronalen Netzen die Regel.

14.3 Optimierung von neuronalen Netzen

Um gute Prognosen zu erzielen, muss das neuronale Netz entsprechend konfiguriert werden. Die Prognosegüte wird beeinflusst durch die Topologie des Netzes, d. h. die Anzahl der Zwischenschichten mit der Anzahl der Neuronen in diesen Zwischenschichten sowie durch die Gewichte der Verbindungen.

Die Optimierung erfolgt in zwei Stufen. Im Standardverfahren wird zunächst die Topologie festgelegt. Dadurch ist die Anzahl der Gewichte vorgegeben. In einem iterativen Optimierungsverfahren werden diese Gewichte dann so bestimmt, dass die Abweichungen der prognostizierten Werte von den tatsächlichen Werten in den Lerndaten möglichst gering sind. Das ist dasselbe Kriterium wie bei der klassischen und auch logistischen Regression.

In neueren Verfahren werden Topologie und Gewichte im Wechsel angepasst. Wir beschränken uns hier auf die Betrachtung des Standardverfahrens.

In den Abb. 14.2 und 14.3 sind sogenannte Mehrschichtenkonfigurationen – *Multi-Layer-Netzwerke* – mit einer Zwischenschicht dargestellt. Dies führt zu zwei Schichten von Gewichten, Gewichte von Schicht 1 zur Zwischenschicht (Schicht 2) und Gewichte von Schicht 2 zur Outputschicht. (Netzwerke mit Rückverbindungen behandeln wir hier nicht.)

Wir betrachten im Detail das Netzwerk mit einem Neuron in der Outputschicht, lassen daher den Index weg und verwenden folgende Bezeichnungen:

Bezeichnung der Neuronen:

1. Schicht: $x_0, \ldots, x_p$ für p Inputvariablen
   x_0 enthält die Konstante 1
2. Schicht: $z_0, \ldots, z_m$, Neuronen der Zwischenschicht,
   (versteckte Schicht, *hidden layer*)
   z_0 enthält die Konstante 1
3. Schicht: $\hat{y}$, Outputneuron

Bezeichnung der Gewichte:

1. $w_{ji}^{(1)}$ Gewicht der Verbindung von Neuron x_i in Schicht 1 nach Neuron z_j in Schicht 2
2. $w_{kj}^{(2)}$ Gewicht der Verbindung von Neuron z_j in Schicht 2 nach Neuron $\hat{y}$ in Schicht 3

Die gewichteten Summen $a_j = \sum_{i=0}^{p} w_{ji}^{(1)} x_i$ und $b = \sum_{j=0}^{m} w_{1j}^{(2)} z_j$, die in die jeweils nächste Neuronenschicht eingehen, werden mit der Aktivierungsfunktion g transformiert. Es ist also

$$z_j = g(a_j) = g\left(\sum_{i=0}^{p} w_{ji}^{(1)} x_i\right), j = 1, \ldots, m$$

$$\hat{y} = g(b) = g\left(\sum_{j=0}^{m} w_{1j}^{(2)} z_j\right)$$

Den Weg von der Input- zur Outputschicht kann man zusammensetzen:

$$\hat{y} = g(b) = g\left(\sum_{j=0}^{m} w_{1j}^{(2)} z_j\right) = g\left(w_{1,0}^{(2)} + \sum_{j=1}^{m} w_{1j}^{(2)} g\left(\sum_{i=0}^{p} w_{ji}^{(1)} x_i\right)\right)$$

Bestimmung der Gewichte

Die Gewichte sollen so bestimmt werden, dass die Abweichungen der prognostizierten Werte von den tatsächlichen Werten in den Lerndaten möglichst gering sind. Wie bei der klassischen Regression sollen auch hier die quadratischen Abweichungen minimiert werden.

Fasst man alle Gewichte zu einem Vektor $\mathbf{w}$ zusammen, so kann man bei N Lerndaten ganz kompakt schreiben:

$$E(\mathbf{w}) = \frac{1}{2} \sum_{n=1}^{N} (y_n - \hat{y}_n)^2$$

E steht für den Begriff *Error function,* Fehlerfunktion, Funktion der Abweichungen. Die Minimierung erfolgt iterativ. Es werden zunächst sogenannte Anfangsgewichte zufällig ausgewählt. Diese werden iterativ verändert, wobei die Iteration nach der Methode des steilsten Abstiegs der Fehlerfunktion durchgeführt wird, die Iterationsvorschrift ergibt sich aus Formeln der partiellen Ableitungen.

Zunächst wird der iterative Algorithmus vorgestellt, und im Anschluss betrachten wir die Herleitung der Formel für die Anpassung der Gewichte; dabei beschränken wir uns exemplarisch auf die Gewichte der letzten Schicht.

Algorithmus zur Minimierung der Fehlerfunktion

Mit den Anfangsgewichten wird aus den Inputwerten des ersten Objekts der Lerndaten ein Outputwert $\hat{y}$ berechnet, dies ist die Vorwärtsberechnung, der *Feed-Forward-Step*. Anschließend werden bei der sogenannten *Backpropagation* die Gewichte sukzessive – bei der letzten Schicht beginnend – angepasst. Das nächste Objekt aus den Lerndaten wird mit den neuen Gewichten entsprechend behandelt. Der Algorithmus kann einmal oder auch mehrmals für alle Lerndaten durchlaufen werden.

Die Schritte im einzelnen:

1. Anfangsgewichte $w_{ji}^{(1)}$ und $w_{1j}^{(2)}$ zufällig wählen (i. d. R. aus $[-0.5, 0.5]$)
   setze $n = 1$
2. wähle Inputvektor $\mathbf{x}_n$
3. **Feed-forward-step** (Vorwärtsberechnung):
   a. berechne z_j aus $\mathbf{x}_n$ und $w_{ji}^{(1)}$:
   $$a_j = \sum_{i=0}^{p} w_{ji}^{(1)} x_i \longmapsto z_j = g(a_j) = \frac{1}{1+e^{-a_j}}, \, j = 1, \ldots, m$$
   b. berechne $\hat{y}$ aus z_j und $w_{1j}^{(2)}$:
   $$b = \sum_{j=0}^{m} w_{1j}^{(2)} z_j \longmapsto \hat{y} = g(b) = \frac{1}{1+e^{-b}}$$
   c. berechne $y - \hat{y}$
4. **Backpropagation**
   a. Anpassung der Gewichte in der letzten Schicht ($\Delta = $ Veränderung):
   $$\Delta w_{1j}^{(2)} = -\eta \cdot \delta^{(2)} \cdot z_j, \, j = 0, \ldots, m$$
   mit $\delta^{(2)} = (y - \hat{y}) \cdot \hat{y} \cdot (1 - \hat{y})$
   η : Schrittweite

b. Anpassung der Gewichte in der ersten Schicht:
$$\Delta w_{ji}^{(1)} = -\eta \cdot \delta_j^{(1)} \cdot x_i, \; j = 0, \dots, m, \, i = 0, \dots, p$$
$$\text{mit } \delta_j^{(1)} = z_j \cdot (1 - z_j) \cdot w_{1j}^{(2)} \delta_1^{(2)}$$

η : Schrittweite

Die Wahl der Schrittweite kann einen großen Einfluss auf den Verlauf der Iteration haben. Verschiedene Werte können ausprobiert werden.

5. Erhöhe n und durchlaufe die Schritte ab 2. bis alle Objekte der Trainingsdaten bearbeitet sind.

In der Regel wird der Algorithmus mehrfach durchlaufen, wobei als Abbruchkriterium eine Schranke für die Veränderung der Gewichte oder für die Veränderung von $E(\mathbf{w})$ oder für beides vorgegeben wird. Gibt es nur noch kleine Veränderungen, so stoppt der Algorithmus.

Startet man den Algorithmus mehrfach, so kann es aufgrund der Zufallsinitialisierung der Gewichte zu verschiedenen Ergebnissen kommen.

Herleitung der Formel für die Anpassung der Gewichte für die letzte Schicht
(Die Formel für die vorherige Schicht entsteht analog.)

Die *Error function* $E(\mathbf{w}) = \frac{1}{2}(y - \hat{y})^2$ soll minimal werden.

Man bildet die partiellen Ableitungen von $E(\mathbf{w})$ nach den Gewichten $\mathbf{w}$ und geht einen Schritt in Richtung des steilsten Abstiegs; dies ist die Richtung des negativen Gradienten.

Für die partiellen Ableitungen nach den Gewichten benutzen wir die Zusammenhänge

$$\hat{y} = g(b) = g\left(\sum_{j=0}^{m} w_{1j}^{(2)} z_j\right)$$

und

$$g'(x) = g(x) \cdot (1 - g(x))$$

Die Ableitung der speziellen Aktivierungsfunktion sieht man – kurzgefasst – wie folgt

$$g'(x) = \left(\frac{1}{1 + e^{-x}}\right)'$$
$$= \frac{1}{1 + e^{-x}} \cdot \left(1 - \frac{1}{1 + e^{-x}}\right)$$
$$= g(x) \cdot (1 - g(x))$$

Für die partiellen Ableitungen nach den Gewichten der 2. Schicht wird mehrfach die Kettenregel eingesetzt:

$$E(\mathbf{w}) = \frac{1}{2}(y - \hat{y})^2$$

$$\frac{\partial}{\partial w_{1,j}^{(2)}} E(\mathbf{w}) = (y - \hat{y}) \cdot \frac{\partial}{\partial w_{1,j}^{(2)}} \hat{y}$$

$$= (y - \hat{y}) \cdot \frac{\partial}{\partial w_{1,j}^{(2)}} g(b), \qquad (b \text{ hängt von } \mathbf{w} \text{ ab})$$

$$= (y - \hat{y}) \cdot g(b) \cdot (1 - g(b)) \cdot \frac{\partial}{\partial w_{1,j}^{(2)}} b$$

$$= (y - \hat{y}) \cdot g(b) \cdot (1 - g(b)) \cdot \frac{\partial}{\partial w_{1,j}^{(2)}} \sum_{k=0}^{m} w_{1k}^{(2)} z_k$$

$$= (y - \hat{y}) \cdot g(b) \cdot (1 - g(b)) \cdot z_j$$

$$= (y - \hat{y}) \cdot \hat{y} \cdot (1 - \hat{y}) \cdot z_j$$

$$= \delta^{(2)} \cdot z_j \qquad \text{mit } \delta^{(2)} = (y - \hat{y}) \cdot \hat{y} \cdot (1 - \hat{y})$$

Die Ableitungen nach den Gewichten der 1. Schicht verlaufen analog.

Man erhält hieraus die Formel für die Anpassung dieser Gewichte.

14.4 Beispiel

Als Beispieldatei wählen wir wieder die Datei der Steuererklärungen mit der Klassifikationsfragestellung, ob eine Steuererklärung korrekt ist oder gefälscht wurde.

Für das Modell beschränken wir uns bei den Inputvariablen auf den Familien- und Berufsstand sowie das Alter. Die kategorialen Inputvariablen werden zunächst in numerische Variablen umkodiert.

```
D = data.frame(Steuererklaerung,
             Fam.num = as.numeric(Familienstand),
             Beruf.num = as.numeric(Berufsstatus),
             Alter)
```

Die Standardfunktion in R für ein Netz mit einer Zwischenschicht ist die Funktion *nnet* aus der gleichnamigen *library*. Die Argumente der Funktion legen fest, wieviele Neuronen die Zwischenschicht enthalten soll, bei welcher Schranke der Algorithmus abbrechen soll, wie stark die Schrittweite η die Gewichte verändern darf, aus welchem Bereich die Anfangsgewichte zufällig gewählt werden sollen und ähnliches. Auch für den Minimierungsalgorithmus gibt es verschiedene Auswahlmöglichkeiten. All diese Möglichkeiten beeinflussen das Konvergenzverhalten des Algorithmus. Sie werden hier nicht inhaltlich vertieft, da dies den Rahmen dieses Buches sprengen würde.

Wir verzichten hier auf die Einteilung in Trainings- und Testdaten und arbeiten mit der gesamten Datei. Bei der Ausgabe beschränken wir uns auf $E(\mathbf{w})$.

```
library(nnet)

nnet.model = nnet(Steuererklaerung ~ Fam.num + Beruf.num + Alter,
                  data=D, trace=FALSE,size= 7,
                  decay = 5e-4, maxit = 2000)

# summary(nnet.model)
# nnet.model$convergence   # konvergiert?

nnet.model$value # Wert von E(w)
## [1] 1487.713


# nnet.model$wts # Ausgabe der Gewichte
```

Aus den Prognosewerten und den tatsächlichen Werten erstellen wir die Konfusionsmatrix und den Anteil der Fehlklassifikationen. Er beträgt bei diesem Netz 17.4 %.

```
nn.pred.class = predict(nnet.model, D[,2:4],type="class")

tab = table(nn.pred.class,Steuererklaerung)
# Prognose in Zeilen, tatsaechliche Klasse in Spalten

tab
##               Steuererklaerung
## nn.pred.class falsch korrekt
##       falsch     432     219
##       korrekt    477    2872

Fehlklass = (tab[1,2] + tab[2,1])/sum(tab)
Fehlklass
## [1] 0.174
```

Empirischer Vergleich der Performance verschiedener Klassifikationsverfahren

In den letzten Kapiteln wurden Prognosen für die Datei `Steuererklaerung` mit verschiedenen Klassifikationsverfahren erstellt. Dabei ging es darum, die Verfahren vorzustellen und ihre Besonderheiten zu erläutern. Beispielsweise wurde bei der logistischen Regression eine Variablenselektion für ein sparsames Modell mit dem AIC durchgeführt. Bei Klassifikationsbäumen besteht die Gefahr einer Überanpassung – eines Overfittings – wenn die Baumtiefe, also die Anzahl der Blätter zu groß wird. Hier kam der Komplexitätsparameter `cp` zum Einsatz, mit dem es möglich ist, ein Baummodell mit guten Prognoseeigenschaften ohne Überanpassung auszuwählen. Die Gefahr des Overfitting besteht bei Random Forests nicht, da hier verschiedene Baummodelle, die auf zufällig ausgewählten Telmengen der Daten und Variablen basieren, kombiniert werden. Man geht davon aus, dass sich schlechte Prognosen einzelner Bäume dadurch ausgleichen. Hier wurde graphisch überprüft, bei welcher Anzahl von Bäumen sich die Fehlerraten stabilisieren, um diese kleinste Anzahl im folgenden zu benutzen.

Zum Abschluss soll nun eine Möglichkeit präsentiert werden, wie die Performance verschiedener Verfahren verglichen werden kann. Es gibt einerseits viele Möglichkeiten, die Performance zu bewerten; andererseits gibt es auch viele statistische Vergleichsmöglichkeiten. Hier soll nur eine sehr einfache Variante dargestellt werden.

15.1 Versuchsansatz

Vier Klassifikationsverfahren werden anhand des Datensatzes `Steuererklaerungen` miteinander verglichen, dies sind die logistische Regression, das naive Bayes Verfahren, Klassifikationsbäume sowie Random Forests. Bei der logistischen Regression und den Klassifikationsbäumen kommt jeweils das Modell zum Einsatz, das sich – wie im letzten Abschnitt beschrieben wurde – als bestes und sparsamstes erwiesen hat.

© Springer Fachmedien Wiesbaden GmbH, ein Teil von Springer Nature 2020
M. von der Hude, *Predictive Analytics und Data Mining,*
https://doi.org/10.1007/978-3-658-30153-8_15

Support Vector Machines könnten auch in den Vergleich aufgenommen werden. Allerdings müssten die kategorialen Merkmale zunächst quantifiziert werden. Dies könnte beispielsweise durch *Dummy-Variablen* für die einzelnen Kategorien erfolgen, die aus den Werten 0 und 1 bestehen, eine 1 bedeutet, dass die Kategorie eintritt. Wir verzichten jedoch auf diese Schritte der Datenvorbereitung und schließen Support Vector Machines aus dem Vergleich aus, da der Verfahrensvergleich nur dazu dienen soll, eine mögliche Vorgehensweise aufzuzeigen. Aus diesem Grund untersuchen wir als einfaches Maß für die Performance nur die Fehlklassifikationsrate.

100 Durchläufe werden ausgeführt. Hierzu werden die Daten 100 mal nach dem Zufallsprinzip in Trainings- und Testdaten aufgeteilt; die vier zu vergleichenden Prognoseverfahren werden auf jeder Einteilung gestartet, um die Modelle auf den Trainingsdaten zu erstellen und auf den Testdaten zu evaluieren. Hierzu wird einfach der Anteil der Fehlklassifikationen bestimmt.

Beim Random Forest würde eigentlich keine Einteilung in Trainings- und Testdaten vorgenommen werden, da die Fehlerrate jeweils aus dem *out-of-bag-sample* ermittelt wird. Um die Vergleichbarkeit der Ergebnisse mit denen der anderen Verfahren zu gewährleisten, ermitteln wir jedoch auch bei diesem Verfahren die Fehlerrate aus den Testdaten.

Da alle vier Verfahren auf denselben Einteilungen evaluiert werden, ist gewährleistet, dass alle günstigen und ungünstigen Dateneinteilungen bei allen Prognoseverfahren gleichermaßen zum Einsatz kommen. In der Statistik spricht man von verbundenen Stichproben.

15.2 Ergebnisse

Zunächst betrachten wir einfache Grafiken der Fehlklassifikationsraten und deren Differenzen.

Um die Frage zu klären, ob diese Differenzen, also die Unterschiede in der Performance, als Zufallsergebnisse aus den hier durchgeführten 100 Durchläufen zu werten sind, oder ob das Ergebnis verallgemeinert werden kann, gibt es verschiedene Möglichkeiten. Dies sind beispielsweise statistische Tests und Konfidenzintervalle. Hier soll nur das Konzept der Konfidenzintervalle dargestellt werden.

15.2.1 Verteilung der Fehlklassifikationsraten

Die Boxplots und Histogramme (Abb. 15.1 und 15.2) der vier Verfahren zeigen symmetrische Verteilungen. Die geglätteten Histogramme lassen die Glockenform der Normalverteilung erkennen. Die Streuungen der einzelnen Werte sind bei den Verfahren vergleichbar. Die Mittelwerte sind durch dicke Punkte markiert, sie liegen bei den Klassifikationsbäumen und Random Forests etwas unterhalb von 18 % (0,18) bei der logistischen Regression und naive Bayes liegen sie leicht darüber. Ob diese Unterschiede als Zufallsergebnisse aus den hier durchgeführten 100 Durchläufen zu werten sind, oder ob das Ergebnis verallgemeinert werden kann, untersuchen wir später im Detail.

Abb. 15.1 Boxplots der
Fehlklassifikationsraten

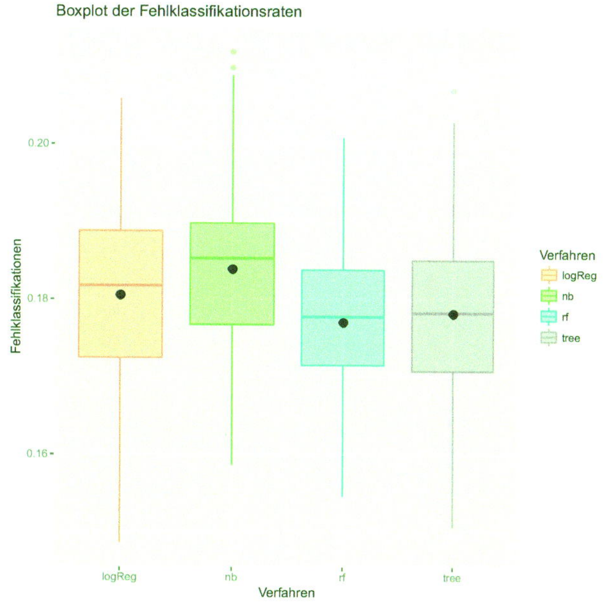

Abb. 15.2 Histogramme der
Fehlklassifikationsraten

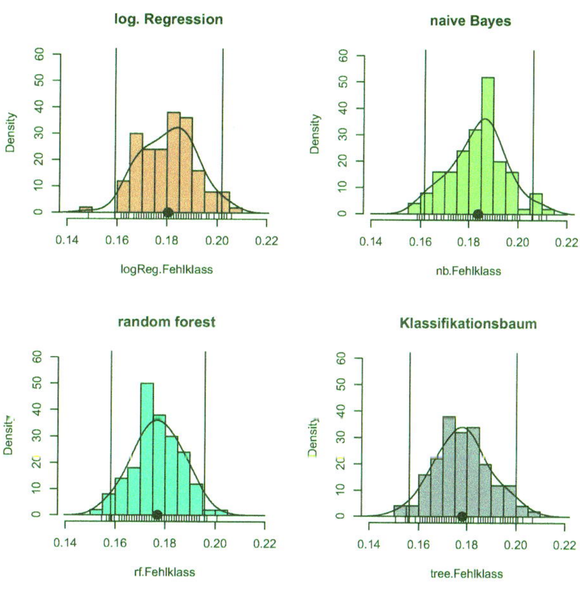

In den Boxplots sind die Bereiche, in denen die mittleren 50 % der Werte der konkreten
100 Durchläufe liegen, durch Boxen dargestellt. Eine andere Sichtweise bietet die Betrachtung der sogenannten *Prognoseintervalle.* Dies sind Intervalle, die mit einer bestimmten

Abb. 15.3 Streudiagramme
der Fehlklassifikationsraten

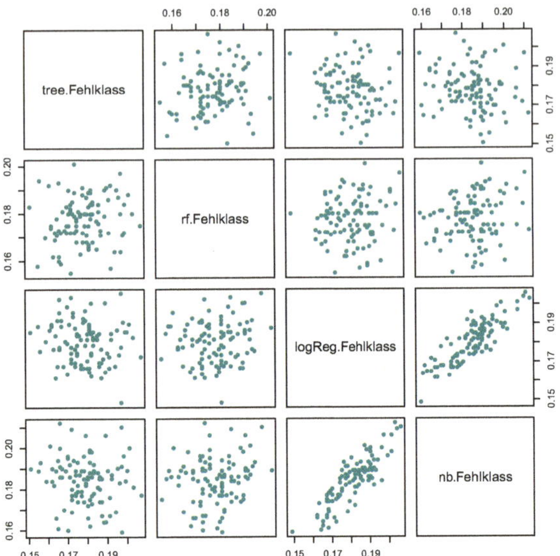

Wahrscheinlichkeit – beispielsweise 95 % – einzelne Werte enthalten. Hier wird also – anders als im Boxplot – eine Aussage über mögliche Ergebnisse getroffen. Führt man weitere Läufe der Klassifikationsverfahren auf der Datei `Steuererklaerungen` durch, so ist also mit der gewählten Wahrscheinlichkeit damit zu rechnen, dass einzelne Fehlklassifikationsraten innerhalb dieser Grenzen liegen werden. Bei normalverteilten Daten werden diese 95 %-Prognoseintervalle mit dem Mittelwert $\bar{x}$ und der Standardabweichung s aus den Daten gebildet durch $[\bar{x} \pm 1{,}96 \cdot s]$. (Diese einfache Formel ist näherungsweise korrekt bei großen Stichproben, wie in unserem Beispiel mit 100 Werten.) Die Grenzen dieser Prognoseintervalle sind als senkrechte Linien in die Histogramme eingezeichnet worden.

Die Streudiagramme der Fehlklassifikationsraten (Abb. 15.3) deuten auf eine Korrelation zwischen den Werten der logistischen Regression und dem naiven Bayes hin. Diese Verfahren scheinen ähnlich gut bzw. schlecht auf die Dateneinteilungen zu reagieren. Bei den anderen Verfahren sind keine Abhängigkeiten zu erkennen.

15.2.2 Verteilung der Differenzen der Fehlklassifikationsraten

Die Mittelwerte der Fehlklassifikationen weisen Unterschiede auf. Wir betrachten dies nun näher, indem wir paarweise Differenzen bilden und zunächst deren Verteilungen untersuchen. Da Random Forests als sehr verlässlich gelten, betrachten wir sie als sogenannten *Goldstandard* und vergleichen die drei anderen Verfahren damit. (*Goldstandard* ist ein Begriff aus der Medizin. Neue Medikamente oder Therapien werden mit einem bewährten Medikament bzw. einer bewährten Therapie, dem *Goldstandard,* verglichen. Allerdings passt dieser Vergleich hier nur bedingt, weil Random Forests das neueste der vier Verfahren ist.)

Auch die Boxplots und Histogramme (Abb. 15.4 und 15.5) der paarweisen Differenzen deuten auf Normalverteilungen mit ähnlichen Streuungen hin. Die mittlere Differenz ist zwischen Naive Bayes und Random Forests am größten, gefolgt von der Differenz zur logistischen Regression. Zwischen Klassifikationsbäumen und Random Forests sind die mittleren Unterschiede am geringsten.

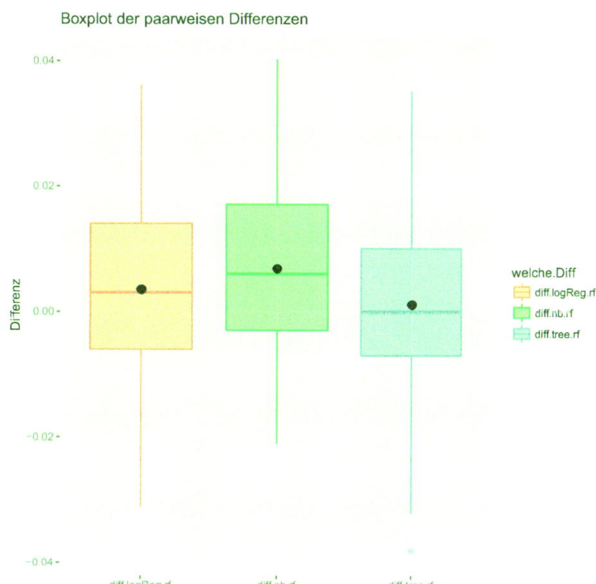

Abb. 15.4 Boxplots der paarweisen Differenzen

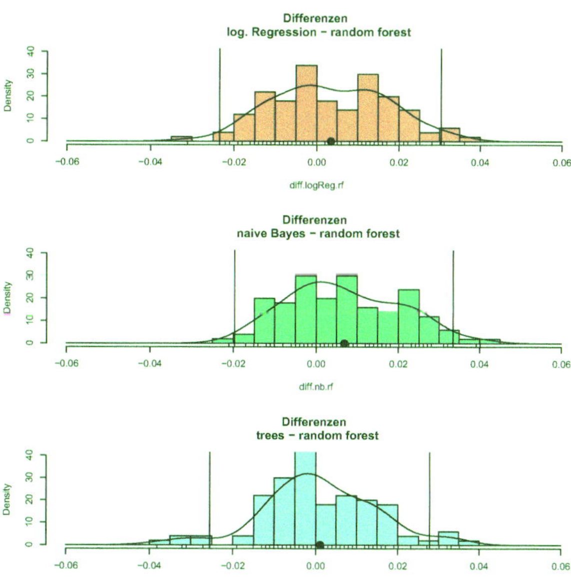

Abb. 15.5 Histogramme der paarweisen Differenzen

Man kann aber auch erkennen, dass die einzelnen Differenzen in den konkreten 100 Durchläufen sowohl positiv als auch negativ ausfielen, es ist also nicht zu erwarten, dass Random Forests den anderen Verfahren generell überlegen sein werden. Dies wird auch durch die Grenzen der 95 %-Prognoseintervalle deutlich, die in den Grafiken der Histogramme zu erkennen sind.

15.2.3 Konfidenzintervall für die mittlere Differenz – Bland-Altman-Plots

In den Grafiken 15.6 – den Bland-Altman-Plots – sind die paarweisen Differenzen den entsprechenden paarweisen Mittelwerten in einem Streudiagramm gegenübergestellt. Dadurch kann man gut beurteilen, ob der Unterschied zwischen den Fehlklassifikationsraten zweier Verfahren vom Ausmaß der Fehlklassifikationen, das durch die Mittelwerte der beiden Verfahren gegeben ist, abhängt. Auch eine Abhängigkeit der Streuung der Differenzen vom Ausmaß könnte erkannt werden. In den Grafiken ist keine dieser Abhängigkeiten erkennbar, die Unterschiede streuen überall gleich stark.

Die gestrichelte mittlere rote Linie gibt die Lage der mittleren Differenz $\overline{d}$ an, und die blauen gestrichelten Linien markieren die Grenzen des 95 %-Prognoseintervalls. Um die mittlere rote Linie sind jeweils zwei dünnere dunkelrote Linien gezogen. Dies sind die Grenzen des *Konfidenzintervalls* für die mittlere Differenz.

15.2.3.1 Das Konfidenzintervall

Ähnlich wie das *Prognoseintervall* bezieht sich das *Konfidenzintervall* nicht auf die konkreten Ergebnisse der Daten sondern auf mögliche Ergebnisse. Wir betrachten den

Abb. 15.6 Bland-Altman-Plots

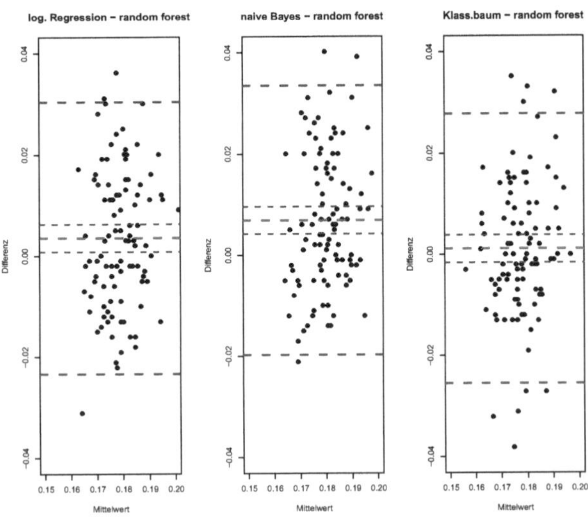

Vergleich zwischen dem naiven Bayes-Verfahren und Random Forests auf der Datei `Steuererklaerungen`: Die mittlere Differenz der Fehlklassifikationsraten aus der konkreten Stichprobe der 100 Durchläufe beträgt (leicht gerundet) 0.00687; dies sind knapp 0,7 %, der Unterschied ist sehr gering. Dieser Wert ist ein Schätzwert für den *Erwartungswert* des Unterschieds der Fehlklassifikationsraten der beiden Verfahren auf der Datei. Der *Erwartungswert* kann als theoretischer Mittelwert interpretiert werden, den man erhalten würde, wenn man unendlich viele Werte, hier unendlich viele Differenzen, erzeugt hätte. Er wird auch oft als *wahrer Mittelwert* bezeichnet. Wenn man nochmals 100 Durchläufe mit zufällig ausgewählten Teilmengen für Trainings- und Testmenge starten würde, so würde man sicherlich eine andere mittlere Differenz erhalten, und damit einen anderen Schätzwert für den Erwartungswert.

Um den Bereich für die Lage des Erwartungswertes einzugrenzen, konstruiert man ein *Konfidenzintervall*. Das *Konfidenzintervall* ist ein Intervall, das den Erwartungswert mit einer bestimmten Wahrscheinlichkeit, dem sogenannten *Konfidenzniveau* $1 - \alpha$, beispielsweise 0,95, überdeckt. Wenn man davon ausgehen kann, dass die Werte, hier also die Differenzen, normalverteilt sind – die Grafiken lassen darauf schließen – lautet die Formel für das Konfidenzintervall

$$\left[\overline{x} \pm t_{1-\frac{\alpha}{2},n-1} \cdot \frac{s}{\sqrt{n}} \right].$$

- $\overline{x}$ bezeichnet den Mittelwert beliebiger Messwerte, in unserem Beispiel handelt es sich um die mittlere Differenz $\overline{d} = 0.00687$.
- s ist die Standardabweichung der Werte, hier also der Differenzen, $s = 0.0136$.
- n ist der Stichprobenumfang, im Beispiel ist $n = 100$.
- $t_{1-\frac{\alpha}{2},n-1}$ ist ein *Quantil* aus der t-Verteilung.

Wählt man das Konfidenzniveau $1 - \alpha = 0.95$, so erhält man $t_{1-\frac{\alpha}{2},n-1} = t_{0.97599} = 1.984$.

Die t-Verteilung ist eine theoretische Wahrscheinlichkeitsverteilung, mit der Wahrscheinlichkeiten für die Lage von (standardisierten) Mittelwerten aus normalverteilten Daten berechnet werden können. Das Konfidenzintervall wird durch Umformung aus einer Gleichung für diese Wahrscheinlichkeit gewonnen.

Der Formel kann man entnehmen, dass sich drei Terme auf die Breite des Konfidenzintervalls und damit auf die Präzision der Lokalisation des Erwartungswertes auswirken:

- Je größer das Konfidenzniveau, also die Überdeckungswahrscheinlichkeit $1 - \alpha$ gewählt wird, umso größer wird das t-Quantil und damit die Intervallbreite. Will man eine große Sicherheit, so muss man ein breites Intervall in Kauf nehmen, das – wenn es zu breit ist – aber nicht mehr viel Aussagekraft hat.
- Je größer n ist, umso schmaler ist das Intervall. Eine große Stichprobe bietet eine gute Basis für präzise Schätzwerte.

- Je kleiner s ist, umso schmaler ist das Intervall. Ein kleiner Wert s bedeutet, dass die Einzelwerte, hier die einzelnen Differenzen, nur wenig streuen. Dadurch sind natürlich präzisere Aussagen über den Erwartungswert möglich.

Im Beispiel erhalten wir das Konfidenzintervall zum Konfidenzniveau $1 - \alpha = 0{,}95$ für die mittlere Differenz zwischen naive Bayes und Random Forests (aus gerundeten Werten)

$$\left[0.00687 \pm 1.984 \cdot \frac{0.0136}{\sqrt{100}} \right] = [0.00417, 0.00957].$$

Dies entspricht 0,4 bis knapp 1 %.

Für den Vergleich zwischen der logistischen Regression und Random Forests ergibt sich das Konfidenzintervall

$$[0.00078, 0.00623],$$

und für den Vergleich zwischen Klassifikationsbäumen und Random Forests erhalten wir das Konfidenzintervall

$$[-0.00158, 0.00381].$$

Diese Intervalle werden in den Bland-Altman-Plots veranschaulicht. Das Intervall für den Vergleich der Klassifikationsbäume mit Random Forests erstreckt sich vom negativen bis in den positiven Bereich. Das bedeutet, dass der Erwartungswert für die Differenz sowohl negativ als auch positiv oder auch gleich Null sein kann. Die Überlegenheit der Random Forests gegenüber den einfachen Klassifikationsbäumen, die sich in der konkreten Stichprobe aus der mittleren Differenz ergibt, ist damit als Zufallsergebnis zu werten.

Bei den beiden anderen Vergleichen sind jeweils beide Intervallgrenzen im positiven Bereich, das deutet im Prinzip auf Überlegenheit der Random Forests hin. Allerdings liegen die kompletten Intervalle sehr dicht in der Nähe der Null. Ob diese geringen Unterschiede zwischen den Verfahren überhaupt als relevant zu betrachten sind, ist keine Frage der statistischen Auswertung sondern muss inhaltlich beurteilt werden. Random Forests sind deutlich rechenintensiver als die anderen Verfahren. Bei großen Dateien kann dies ein Nachteil sein. Allerdings könnten die Vergleiche auf anderen Dateien wiederum anders ausfallen.

Literatur

1. Adler, J.: R in a Nutshell : A Desktop Quick Reference. O'Reilly Media Inc, Sebastopol (2012)
2. Aggarwal, C.C.: Data Mining – The Textbook. Springer, New York (2015)
3. Bishop, C.M.: Pattern Recognition and Machine Learning, 2. Aufl. Springer, New York (2011)
4. Bland, J.M., Altman, D.G.: Statistical methods for assessing agreement between two methods of clinical measurement. Lancet. **1**, 307–310 (1986)
5. Breiman, L., Friedman, J.H., Olshen, R.A., Stone, C.J.: Classification and Regression Trees. CRC Press LLC, Boca Raton (2017)
6. Draper, N.R., Smith, H.: Applied Regression Analysis, 3. Aufl. Wiley, New York (2014)
7. Friedman, R., Hastie, J., Tibshirani, T.: The Elements of Statistical Learning – Data Mining, Inference, and Prediction, 2. Aufl. Springer, New York (2009)
8. Handl, A., Kuhlenkasper, T.: Multivariate Analysemethoden – Theorie und Praxis mit R, 3. Aufl. Springer, Berlin (2017)
9. Izenman, A.J.: Modern Multivariate Statistical Techniques – Regression, Classification, and Manifold Learning. Springer, New York (2008)
10. James, G., Witten, D., Hastie, T., Tibshirani, R.: An Introduction to Statistical Learning – with Applications in R, 7. Aufl. Springer, New York (2017)
11. Williams, G.: Data Mining with Rattle and R – The Art of Excavating Data for Knowledge Discovery. Springer, New York (2011)

© Springer Fachmedien Wiesbaden GmbH, ein Teil von Springer Nature 2020

219

M. von der Hude, *Predictive Analytics und Data Mining,*
https://doi.org/10.1007/978-3-658-30153-8

A

B

C

D

© Springer Fachmedien Wiesbaden GmbH, ein Teil von Springer Nature 2020
M. von der Hude, *Predictive Analytics und Data Mining,*
https://doi.org/10.1007/978-3-658-30153-8